# 对话的力量

K叔　暴元　赵翼◎主编

The power of Coaching

文化发展出版社
Cultural Development Press
·北京·

## 图书在版编目（CIP）数据

对话的力量 / K叔，暴元，赵翼主编．— 北京 ：文化发展出版社，2024．8．— ISBN 978-7-5142-4421-2

Ⅰ．B848.4-49

中国国家版本馆 CIP 数据核字第 2024C6Q540 号

# 对话的力量

主　　编　K 叔　暴元　赵翼

---

出 版 人：宋　娜

责任编辑：袁兆英　　　　责任校对：侯　娜

责任印制：邓辉明　　　　封面设计：末末美书

出版发行：文化发展出版社（北京市翠微路 2 号　邮编：100036）

网　　址：www.wenhuafazhan.com

经　　销：全国新华书店

印　　刷：河北盛世彩捷印刷有限公司

---

开　　本：880mm×1230mm　1/32

印　　张：10.25

字　　数：196 千字

版　　次：2024 年 8 月第 1 版

印　　次：2024 年 8 月第 1 次印刷

---

定　　价：59.00 元

I S B N：978-7-5142-4421-2

---

◆ **如有印装质量问题，请电话联系：0318-6658666**

# 前言

你有没有发现，我们已经进入“一半海水，一半火焰”的两极世界：这一边慨叹经济下行，行业落寞，降薪裁员，哀鸿遍野；另一边却是生机勃勃，发展如火如荼，野蛮生长，有无限可能。而这两个世界的分界线，就是AI人工智能。

AI普及和应用是未来，是趋势，是机会，但是我怎么才能参与其中呢？属于我的机会是什么呢？

## 你的机遇在无法被AI取代的蓝海

别着急，我们继续思考。人类的发展史真的非常有趣。每一次的经济下行周期，都会孕育着一次全新机遇，而且是史诗级机遇。

俄国的一位经济学家康德拉季耶夫发现：世界经济运行存在一个长周期规律，以50到60年为一个轮回，循环波动，每个周期都会经历繁荣、衰退、萧条、回升四个阶段。而从工业革命开始，到现在2024年，我们人类经历了几轮周期呢？

第一次康波周期（63年）：工业革命时期，以蒸汽机和纺织机为代表技术，大约从1782年开始，持续到1845年。

第二次康波周期（47年）：煤钢时代，以铁路、内燃机和钢铁为代表技术，大约从1845年开始，持续到1892年。

第三次康波周期（56年）：电气重化工时代，以电力和内燃机的普遍应用为代表，大约从1892年开始，持续到1948年。

第四次康波周期（43年）：汽车和电子计算机技术时代，大约从1948年开始，持续到1991年。

第五次康波周期（45年左右）：信息技术时代，从1991年开始，可能持续到21世纪30年代初。

2024年，我们已经在信息技术时代的末端，经济开始下行，几年前还蒸蒸日上的互联网行业，似乎一夜之间进入萧条通道。但是，AI的横空出世，不就证明新一轮驱动康波周期的核心技术革命已经出现了吗?

而作为一个AI时代下的普通人，我们应该如何抓住AI的机遇?

是去创业搭建大模型吗?

是去创业做AI应用吗?

是去做副业建一个AI社群吗?

是去……

你有没有发现，这些所谓的AI创业机会，对于我们大多数普通个体来说，确实太远了，可操作性几乎为零。

于是，很多人会说，一定要学习AI，提高我们的工作效率。这句话不假，但是依然有问题。难道我们普通人，就只能作为一个AI时代的消费者，用AI做几张PPT，弄几个表，写几篇文章，做一些短视频？

这就相当于在汽车出现之后，以前赶马车的人去学开车；计算机出现之后，以前用算盘的人去学五笔打字；AI出现之后，以前用电脑设计的人去学Midjourney。

工具在改变，但是你依然是你，你依然在一个红海的领域不断去卷和折腾。

新技术确实改变了我们的生产方式和生产效率。但是，对于我们的职业来说，几乎没有大的改变，也没有出现什么跃迁式的机会，你只不过换了一个工具。

新机遇出现时，会有两批人赚到钱。一是那些生产新工具的人，比如AI创业者们；二是那些不受新技术革命影响，反而变得更加蓬勃发展的职业，比如技术革命催生富豪出现，奢侈品行业始终昂扬向上。

AI确实是效率的革命，但是很多人没有意识到的一个视角，就是AI在未来，必然会像现在的计算机一样成为标配，AI领域将成为一个被卷到极致的红海。

可那些无法被AI取代的职业和领域，不才是我们普通人应该去尝试进入的蓝海吗？

我拿这个问题，去问了一下ChatGPT4.0。它给出的排名第一的答案是：高度的人际交互。需要与人密切沟通和互动的职业，依赖于深度理解人类情感和行为，以及建立信任关系。

换句话说，AI时代的工作效率确实在10倍、100倍增长，但我们人类是社会型动物，冰冷的信息和技术是无法取代我们内心对人文关怀的渴求的，也就是这些年大家都在说的情绪价值。

当今时代，不正是因为我们越来越难获取情绪价值，获取情绪价值才成为每个人心中所向吗？

而这是我创办“一行DoMore”的第6年，也是我们深耕教练这个领域的第4年时，我们发现的。最近这些年，大家焦虑情绪普遍蔓延，我们“一行教练”无论是训练营的学员人数，还是付费客户规模，都在井喷式增长。

我们看很多国外畅销书作者，都会有一个教练的title（头衔），而且也延伸出了类似商业教练、企业教练、CEO教练、父母教练、个人成长教练等。包括比尔盖茨曾经在Ted上的一个演讲，也提到了“人人都需要一个教练”。

教练，才是AI时代不可被替代的蓝海市场啊！

## 教练是“一行”的核心护城河，5年深耕终拿下认证

在多年前的“一行DoMore”品牌启动会上，我提出：教练是我们“一行”的核心护城河。这就是我们“一行”选择的那“一米宽”的赛道。与此同时，我正式任命暴暴教练为“一行教练”的负责人，从零到一构建“一行教练”体系。

没错，我们选了一条非常非常窄的赛道，窄到当时绝大多数人都不知道教练是什么；窄到当时根本就没有人会做300个学员，却有70个工作人员的108天长周期重交付的训练营；窄到投资人听完我讲的商业模式，直接不看好我们努力奋斗的目标。

但是，看着108自律行动营和教练特训营的学员们身上发生的一个一个真实的蜕变故事，这对我们来说是巨大的赋能。

原来，帮助一个人竟然如此让人上瘾；原来，“以生命影响生命，以行动启迪行动，让更多的人拥有改变自己的力量”，才是我们“一行”的使命！

在2023年的春天，经过4年的不懈努力与深耕，我们“一行”获得了全球最权威的国际教练联盟ICF的机构认证授权！

如果你对教练行业有所了解，那么你一定知道这个认证授权的分量有多重。这意味着，“一行”拥有了国际教练联盟对我们课程内容和训练方式专业度的高度认可，同时也拥有了对教练们是否能通

过口试的决定权。

这也意味着，通过了“一行”国际认证教练ACC直通车认证考核的同学们，不需要向ICF再额外提交录音考核，只需要积累满100个教练小时数后，就可以随时向ICF官网提交ACC级别的证书申请。

中国范围内，目前能做纯线上教练培训并拿到“ICF课程认证授权资质”的机构，不到10家，“一行教练”是第一家，也是目前唯一一家纯做互联网线上教练培训并获得ICF认证资质的机构。

截至2024年4月，ICF统计中国大陆地区教练持证人数为1489人，香港地区344人，澳门地区1人，中国台湾地区219人。

换句话说，在中国，教练行业在蓬勃发展，具有非常大的潜力。而在最早期，门槛相对来说是比较低的，从事教练并不需要十几年的行业沉淀才能有所建树，只要你持续学习，就可以获得非常快速的进步。

简单点来说，如果你能够拿下ACC，那么你就是中国的前2000名专业认证教练之一，你已经是这个行业里的先行者了!

这些年，我们的教练特训营开了15期，“一行”认证教练累计达到1000多位。

“一行教练”中涌现出6位PCC教练，5位ACC教练，6位三星教练，1位二星教练，66位一星教练，以及16位对外教练，还有更多准ACC教练们正在申请资质认证中。

## “一行教练”未来的三驾马车：极致性价比、教练IP“黄埔军校”、教练AI先行者

前段时间，我们举办了第三届“一行教练峰会”，也是我们“一行教练”的四周岁生日，我们提出了未来“一行教练”的三个重点发展方向。第一，做教练培训行业的小米，追求极致性价比，用低配价格为客户提供提供顶配服务，我们希望突破时空和地域的限制，让更多人能够获得顶配的教练服务。

第二，做教练行业的个人IP“黄埔军校”，帮助“一行教练”们打造个人品牌，在这个超级个体时代更好地放大自身的教练价值。

第三，做教练行业的AI先行者。AI时代，人与人的温度连接是最独特和稀缺的。一方面通过AI，帮助教练更好地提升教练技能；另一方面AI与教练结合，为客户提供更极致和多元的服务，提升用户教练体验。

在文章末尾，我想分享一下我们“一行教练”的使命、愿景和价值观，这也是我们笃定在教练行业前行的核心理念。

愿景：助力更多人通过教练活出平和、笃定、自在、丰盛的人生

价值观：成人达己、成事修心、真诚有爱、持续创新

使命：让教练走入千万家

定位：做中国最有影响力的教练传播者

而在这本《对话的力量》中，你会看到33位教练的真实成长故事和践行经验分享。

**暴元** 是“一行教练”创始人、“一行”DoMore联合创始人、国际教练联盟认证教练导师、PCC专业级教练。她教授、培养的专业教练已超过1500人。持续修习教练给她的内心带来平和和笃定，生命状态也因此焕然一新。她因教练收获了这份她愿意为之奉献终身的事业，也收获了可以全球旅居办公的生活。

**赵翼** 是“一行教练”首席战略顾问、经济学博士，也是一名教练式伴侣践行者。通过教练对话，他开始更多关注自己的感受，更深地认识自己，整个人也更平和了。深入了解和学习教练后，他在努力工作的同时也能更好地照顾到自己和周围人的身心，并决定将“让教练走入千万家”作为自己的人生使命。

**冉冉** 曾是一名三甲医院的医生，现在是一名临终关怀教练和生命疗愈教练。她通过对话打破内心束缚，迎来全新的自我，并在人际关系上有了新的突破，从内向拘束到越来越喜欢和人主动交流。能沉浸式感受客户状态和情绪变化是她作为教练的优势。

**黎子菁** 是一名“一行”认证教练，也是家有二娃的家庭主妇，立志成为最懂家庭教育的教练。学习教练让她提升了对自我价值的认可，并且更多地看见自己的能力。在与自己和解的同时，她也开始更多地陪伴家人，进一步实现个人成长。

**璟希** 是一名教师以及终身学习践行者，不惑之年获得硕士学位。在教练学习过程中，她感受到自我突破的力量。她还将学到的经验和实际情况相结合，在育儿方面，培养了孩子独立思考并解决问题的能力。同时，她也将教练技能应用于教学工作中，激发学生的潜能，支持学生们拿到了省赛铜奖。

**另一种蓝** 是一名ICF国际认证教练、“一行教练”督导师，同时也是一名世界500强企业的管理者。他专注于职业发展与生涯规划教练。通过教练对话，他找到了自己的人生航道，这促使他成长、转变，踏上自我超越之路，同时他还通过教练助力更多人找到内心的方向和价值。

**好耶** 是一名国企技术专家，“一行”认证教练，终身学习者。教练学习让她看到他人，而且亲子关系、亲密关系比之前更融洽了。同时她在认知上的转变，让她更有勇气和信心去面对未来与未知，并且明确了自己的人生使命和想成为的人。

**戴思奇** 曾获设计类国家级奖项的水利结构高级工程师，从封闭中走出的二胎宝妈，人生觉醒后重新解读自己的中年女孩。她通过教练对话，重新找回了对工作的热情，同时她也找到亲子关系中自己的定位，并且开启了自爱的修心之旅。

**任恕缘** 是一名“一行”一星教练、成长教练，还是一名二级结构工程师和执业造价师。她通过教练技术，克服焦虑、找到了自我价值。她的焦虑减少了，开始能活在当下，每一天都带着好奇体验自己的人生旅程。

**一杭** 是一名“一行”认证教练，同时也是一名赋能成长教练。教练思维在他人生最为艰难的时光里，给了他极大的鼓舞与安慰。学习教练之后，他从自卑内耗到对自我的全然接纳，再到助人成长，他的经历鼓舞人心，传递出积极向上的力量。

**Jannet** 是一名“一行”一星教练、优势和行动力教练，同时还是一名资深初高中化学老师。教练技术帮助她走出低谷，并且发现了自己的潜力和价值，变得更加自信和从容，打破了过往限制束缚自我的执念。教练技术还让她学会如何帮助他人找到个人价值。

**腰哥** 是“腰哥用书营”主理人，也是一位幸福商业教练，致力于帮助他人找到愿力，绽放人生。教练对话让他找到自己的终身事业，有了跨出创业第一步的勇气，还帮助他和伙伴看到人生新的可能性。

**林瑞Laura** 是一名国际教练联盟PCC专业教练、“一行”ACC直通车课程导师、教练督导师，教练小时数550+小时，督导时长100+小时。因为教练学习，她的内在变得更加稳定，在亲子关系和伴侣关系上都有了极大的改善，也更好地支持客户活出各自生命的意义。

**赵静** 是一名专业认证教练、个人成长教练、女性赋能教练，同时她也是一名终身学习践行者。因为教练学习，她踏上了关注自身、找寻自我的旅程。她成为自己的救世主，实现了自我救赎，迎来全新的生命状态和精神面貌。

**Lucky** 是一名“一行”一星教练、父母教练，也是一名高级家庭教育指导师。她将教练技术应用于对女儿的教育上，女儿变得更加自信，思想内核也更加稳固。同时她通过教练对话帮助自己的学生找到了发展方向。因为教练，她走上了成人达己之路，切实帮助到需要帮助的人。

**夏雨** 是一名“一行”一星教练和督导师，亲子成长教练，以及教练式育儿践行者。深入学习教练后，她从一名全职妈妈转变成亲子成长教练，从自卑变得自信，持续践行教练生活化，亲子关系和亲密关系变得轻松和谐。她还用教练的方式支持了50多位伙伴成长。

**尹利霞** 是大王管理咨询创始人，国际教练联盟ICF认证教练，CEO&高管教练，30多家中小企业顾问。前易到用车、元气森林高管，有5年科技公司创业史。她的团队管理经验颇丰，善于学习，并与实践相结合，踏上成人达己的企业教练之路，帮助更多中小企业主成就更大的事业。

**高薇** 是一名“一行”对外教练，互联网医药大健康项目营销

12年，团队管理7年多。育有一个8岁男娃。她通过教练技术实现自我成长和职业转型，致力于支持女性成长和家庭关系建设，支持更多人活出绽放的生命状态。

**王储**　是一名“一行”一星教练、赋能升维教练、个人IP打造教练，同时也是财富行动力社群主理人。教练对话激发了他的潜能，并多次为他赋能。他在践行教练的过程中，逐渐热爱上教练，并将教练作为自己终身奋斗的事业，支持越来越多的人成为教练、成为他们自己、活出精彩的人生。

**Summer小潘**　是一名正念整理陪伴教练，“一行”一星教练100小时+，整理收纳150小时+。因为教练学习，她学会管理自己的情绪，并接纳了自己。她还把教练思维、正念练习和整理技术相结合，帮助人们清理内心空间，找到生活的秩序，使生活变得和谐。

**陈如洁**　是“绘乡计划”创始人，全国优秀社会创新家，创立白箬之光乡村创客服务中心，“一行教练”俱乐部共建合伙人。她大力开展乡村振兴工作，同时用教练对话帮助支持乡村振兴的青年们找到自己的生命答案，共同建设理想家园。她也将教练思维应用于管理工作中，终于成为了自己理想中的领导者模样。

**明明**　是一名“一行”一星教练、女性成长教练、行动教练，同时是群青女性成长学会共创成员。她在困境中自我救赎的历程情感真挚，激励人心，传递了教练技术在个人成长中的积极影响。

**萧萧此君**　是一名成长教练、管理咨询师、行动学习促动师，还是一名坚持阅读1300多天的持续学习者。她谦卑好学，因自己的坚持不懈从职场小白成长为管理咨询师。因遇见教练，她慢慢看清自己内心真正的需求，找到自己的价值。

**文萱**　是一名“一行”一星教练，“一行教练”特训营教研员、国际教练联盟体系教练，还是一名职业生涯规划咨询师。接触教练后，她内心的疑惑得到答案。她将教练思维运用于亲子沟通和家庭关系的处理中，最终达成内外和谐一致的状态。她像园丁一样用教练技术支持了很多小伙伴绽放生命之花。

**任佳慧Julia**　是三级健康管理师，职场养生教练，同时也是一名12年外企医疗站保健师。因为教练，她的生活变得多姿多彩。教练的学习拓宽了她的认知面，激发了她对事物的探索欲和求知热情，让她比以前更从容笃定，能够坦然接纳自己和他人。

**九华**　曾是一名结构工程师，现在是“一行”对外教练，教练时长60多个小时，陪伴40多位客户获得成长。她通过持续学习，实现自己的深造梦想，改变了自己的生命状态，同时还找到自己真正想要做的事情：在教练的路上长期坚持走下去。

**游离**　是一名“一行”一星教练，教练时长80+小时，还是一名从事金融业15年的中层管理者。她重拾对教练的学习，看见了自己，人生找到了方向。教练学习让她变得更加自信，能接纳自己的不完美，她还感受到陪伴的力量，结识了一群志同道合的伙伴。

**羽晏** 是一名“一行”认证教练，“一行”教研员，怡安翰威特优势咨询教练，同时还是一名小红书博主。在教练学习的过程中，她与过去和解，重新清晰地认识了自己，通过探索自己的优势，找到了自己的人生定位。

**蓝琳** 是一名国际教练联盟ACC教练，“一行教练”俱乐部共建合伙人，高能宝妈目标与情绪管理教练。她同时也是教练思维生活化实践者，是教练型的妈妈、妻子、女儿。专注于通过教练技术陪伴宝妈们突破自我、稳定内核，成为更好的自己。

**格根塔拉** 毕业于哥伦比亚大学，是华尔街数字化转型负责人，有着15年国际教育经验，陪伴300多个家庭拿到顶级梦校offer。她专注于学生优势，强调学生要有终身成长思维，并且要学会独立思考。她还帮助学生和家长认识自己，找到自己的优势。

**April关关** 是一名工作13年的职场二宝妈，ICF国际教练联盟ACC教练，0—18岁英语学习规划师，也是一名好习惯养成自主学习力提升教练。她通过学习教练技术实现自我成长和职业转型，用生命状态去影响别人，激励人们勇敢追求梦想和个人价值。

**卡特Kate** 是一名ICF认证PCC专业教练、团队教练，“一行教练”导师和督导师，她还是“一行”108自律行动营负责人。因为教练学习，她重新掌控自己的人生方向，开启自我超越之路，活得自在通透，她还用教练的方式帮助别人找到自己的人生之路。

**阳光的老翼** 是一名“一行”认证教练，“一行教练”特训营第12期教练之星，永远年轻的终身学习者，曾是一名有20多年经验的教培从业者。她在教培生涯中坚持贯彻了20多年“以生命影响生命，以行动启迪行动”的教育理念，不求回报，不留余力，含辛茹苦，用爱为每一个生命赋能。

在这个人人焦虑的时代里，相信她们的故事能投射出一道光来驱散你的焦虑。或许教练就是你未来的人生第二曲线，我也真诚地邀请你，加入到极致利他、成人达己的教练行列之中！

# CONTENTS
# 目　录

# K叔

**刻骨铭心的新冠疫情，**

**是“一行教练”的新起点**

## K叔

“一行 DoMore”教育创始人 &CEO

全网 100W+ 粉丝知识博主，付费学员超过 20 万人

3 本畅销书作家，《引爆自律力》豆瓣评分 7.8

企业高管和商业教练，中央财经大学会计学博士

我出生在山西的“十八线”小县城，在北京中央财经大学读到博士；曾在世界500强体制内央企总部工作，后辞职成为线上教育创业者；之前副业一年变现百万，后来创业2年实现营收千万；从教练行业的零基础“小学生”，到拥有国际教练联盟ICF的课程认证机构……

更让我骄傲和庆幸的是，在我创办“一行DoMore”教育品牌之初，我就把“教练”作为我们的核心护城河。我们用了4年的时间，从零到一，构建了“一行教练培训体系”，成功拿到了国际教练联盟ICF的课程认证，帮助上千名公司高管、创业者、自由职业者、职场人、全职妈妈等伙伴，学习和掌握教练技能。

而且，我们还开行业之先河，创新式地构建了“一行教练变现体系”，让我们“一行教练”不仅精进教练技能，还能在我们的“一行”训练营中与客户进行教练对话。一方面积累了自己的付费对话时长，加速通过国际教练联盟的认证，另一方面还能获得副业薪酬。

有关“一行教练”的故事，要从2020年新冠疫情说起。我相信对于每个人来说，那个假期是我们这一生当中，最特别，也是最难忘的一段记忆。而对于每一个不得不24小时面对家里“小神兽”的父母来说，这段记忆可能更加刻骨铭心，我自己是深有感触。我想通过我的这段经历，跟大家聊聊教练的意义。

## 01 对儿子的教练实践

假期中，因为停课不停学，所以我们每一天都需要花费大量的时间和精力去协助完成老大学校的一些学习和活动任务。我爱人K嫂主要负责学习，我负责一些体育活动。其中一项就是拍球。

不得不说，运动天赋的差异是存在的。我家老二3岁就可以很好地传球接球，但是我家老大快7岁了，依然接不住球，拍球更是不可能完成的任务。

我作为他的拍球教练也很痛苦，要不停地教，不停地演示，不停地鼓励，有时感到崩溃。

那天，我的情绪又因为老大拍不好球而快要爆发了，于是我赶紧找K嫂接力，我去缓一下。我坐在书房里深呼吸，调节自己的情绪，正好看到书桌上的那本教练领域的经典书——《高绩效教练》。

我突然来了精神。因为在那本书里，我记得有一个很著名的有关网球教练的故事：蒂莫西·高威是一个网球教练，他声称自己可以在20分钟以内从零到一教会一个人打网球。

这不就是我想要的吗?

当时是1975年，美国ABC电视台对他的豪言壮语表示质疑，拉了20个不会打网球的人做测试，还通过电视节目记录了下来。最开始，这20个人抱着看热闹的心态，不相信高威所说的“20分钟奇迹”。结果，其中一个常年不运动、有一点胖的女孩，真的在20分钟内，在高威的指导下，学会了打网球。

我还特地把这段视频找到了，不过因为历史久远，画质很差。这应该是教练技术第一次完整地与世人见面。大家有兴趣可以搜一下这个视频，非常神奇。

因为这个视频，我开始重新调整自己对老大拍球的沟通方式，不再要求他一定按照我的方式去拍，而是让他先认真地观察球的运动路线，每次球起落的时候，可以大声地喊出“拍”“落”。他觉得自己该拍的时候，就去拍。这些方法都是从那个视频里学到的。在这个过程中，我不对孩子做任何评判，而是通过他拍球的情况，向他进行教练式提问。

“你觉得这一次为什么比之前多拍了一次?”

“你的动作，做了哪些调整?”

“你觉得还可以做哪些新的尝试?”

然后，神奇的事情发生了，老大之前只能拍一次球，现在竟然一口气拍了二十几次。小家伙超级兴奋，赶紧跑回家跟妈妈分享好消息。我也特别开心，特别有成就感，回去就和K嫂分享我的教练心得：不去评判，不去设限，相信孩子的潜能，让他对球保持觉察……我说了一大堆，然后K嫂回了我一句话，让我特别感动。

“我们的教练在教练对话的时候，就是这么做的。”

K嫂曾经参加了我们“一行DoMore”的108自律行动营，虽然全程都“隐姓埋名”，但是她在营期内，认知和行动力都发生了巨大的改变。尤其是教练式对话，对她的帮助和启发非常大。

## 02 教练的核心价值，实现成人达己

因为这一次对儿子的教练实践，我开始重新思考教练的价值。我觉得最核心的有两点。

### 第一，自我价值的双重实现。

马斯洛需求理论中，最高阶的需求就是自我价值实现，而对于每一次教练活动来说，其实都是双份的自我价值实现。对于教练来说，因为帮助到了别人，产生了价值，会非常有成就感；对于教练的对象来说，同样因为自己的改变，而产生了价值感和意义感。

只是一次教练式对话，就能够产生双份的价值回报。相信对于我们“一行DoMore”的所有教练和训练营学员们来说，这一点都深有体会。

## 第二，找到一把解决问题的万能钥匙。

回到刚才高威教网球的故事，节目播出之后，高威的神奇教练方法被AT&T的高管看到了。他们公司正陷入了低谷，员工士气低落，他觉得这种方法对于公司来说或许也是适用的，于是就邀请高威到公司来做一次培训。

高威很吃惊，因为自己就是个网球教练，并不知道该如何给公司讲课，但他还是硬着头皮去了。结果，那次培训的效果非常好，尽管他讲的都是网球，但这些高管员工的笔记里都是和公司管理相关的内容。于是，企业教练这个职业就这么诞生了。

也就是说，教练技术绝不仅仅受限于教授内容本身的专业，而是完全可以实现跨专业的。无论是企业管理、个人成长、婚姻育儿，都可以使用教练技术去解决我们的问题和困惑。

这就相当于，我们找到了一把解决问题的万能钥匙。可见，教练对话是一项多么宝贵的技能啊！

## 03 迅猛发展的教练行业：人人都需要一个教练

从全球来看，教练是一个成长非常迅速的行业。

在海外，尤其是欧美发达国家，已经建立了较为成熟的教练行业体系；在我们国内，目前的教练行业依然处于新兴发展期，人们对于教练的认知普遍还停留在“健身运动”相关的阶段。

比尔盖茨说人人都需要一个教练，这将会在未来一点点得以实现。

既然教练未来的前景如此光明，那如何更加系统化地学习并掌握教练技术呢？我顺着这个思考，去做了一次全方位的搜索和调研，结果让我很失望。因为，目前国内教练学习的门槛真的很高。

经过考察，我发现教练的课程和培训几乎都是以线下培训为主，而且价格都非常高，几天的课程就要几万元。

同时，全球的认证教练数量虽然在增加，但是我们国内数量依然不高。而且，必须要有足够的教练时长才能成功认证教练，这让很多立志于当教练的人望而却步。

也就是说，教练这件事，如果把它当做一份事业来看是有门槛的，而且还很高。

## 04 五年时间，“一行教练”开创了教练行业的新模式

五年时间里，我、暴暴教练、赵翼老师以及“一行教练”的管理团队，都在持续思考三个问题。一是如何降低教练的学习门槛？二是如何加速教练的精进成长？三是如何帮教练完成变现闭环？

我们也在五年中，不断地开拓出全新的教练模式。

第一，我们团队投入巨大的人力、财力、心力，研发教练课程。不仅费用远低于市场，还提供顶配服务，并且拿到了国际教练联盟ICF的课程认证。课程助力更多“一行教练”，尤其是很多不方便去一线城市上课学习的伙伴，顺利接轨国际认知，降低教练的学习门槛。

第二，我们建立了“一行教练俱乐部”，给所有“一行教练”提供了一个长期年度的抱团成长氛围。教练的精进绝不是交一笔钱，拿一个证书就结束了，而是要走一条持续成长之路。我们每月为1000多位俱乐部会员教练们，组织了进阶营、读书营、对话实战营

等不同类的精进营。我们还组织月度的不同活动，如大咖督导会、自由书写、月度复盘等。

第三，我们开创式地构建了“一行教练变现体系”。“一行”认证教练可以在训练营中成为上岗教练，一方面拿到副业收入，另一方面积累付费对话时长和专业经验，帮助他们加速通过国际教练联盟的认证。同时我们也为教练们提供付费对话平台，打通了教练的变现闭环。

这些年里，我们的教练特训营开了15期，“一行”认证教练累计达到1000多位，培养出的专业教练分布在中国、英国、美国、德国、新加坡、日本等14个国家。粗略算了一下，我们给兼职教练们的薪酬，已经接近200万了。当然，对于我们“一行”的教练们来说，薪酬只是其中一个小小的部分。最关键的是，你可以通过教练对话帮助到对面一个陌生的学员，找到自己的人生使命，解开自己的人生困惑，开启全新的生命体验，这种极致利他所带来的成就感和满足感，是远超物质回馈的。教练能提升自己的工作效率和生活幸福感，也能够通过教练对话提供利他价值，还能找到一群志同道合、成人达己的伙伴们。

如果你也想了解教练行业，想把教练作为你职业的第二曲线，欢迎你添加我的个人微信，我会赠送你一本价值299元万字电子书《改变世界的十二大教练黄金思维》作为礼物。

# 暴元

## 改变人生的瞬间

**暴元**

昵称“暴暴”，“一行教练”创始人

“一行 DoMore”联合创始人

国际教练联盟认证训练导师、PCC

教练式伴侣践行者

一个人，有多少个改变自己一生轨迹的瞬间呢？

人生行至当下，你能想到的是哪个改变你人生的瞬间？

在这里，我想跟你分享一个改变我人生的瞬间。这个瞬间，是目前我的人生中，事业最关键的转折点。

## 01 人生的十字路口

故事的缘起是在2019年，我站在一个人生的十字路口，面临一个事业上极为重要的决定。即是继续选择我当时安稳的工作，还是来到“一行”开始创业？

关于这个抉择，我来来回回想了有两三个月，那个时候我已经开始在“一行”做兼职了，我从0到1搭建了当时108营的教练系统。因为我带团队的成果非常好，我们“一行”DoMore的创始人K叔就跟我沟通，问我要不要过来全职负责整个教练体系。

我当时的工作很稳定，待遇也不错。一面是已知的稳定，一面是未知的挑战，这让我很纠结。那段时间，我每一天都在思考琢磨这个事，大半夜睡不着也老去想它，前前后后权衡了很多方面的利弊。因为一旦选择创业，在我看来，我的人生会有非常大的转变，对于这样的抉择，我非常谨慎。

在看这段文字的你，如果你在面对类似这样的抉择时，会用哪些方法来帮助自己做出最好的选择呢?

当时的我，为了帮助自己做出更好的选择，我做了很多尝试。问过很多亲友的建议，在问答类的App上搜索过，专门找专家咨询过，自己也列表格权衡过。

虽然我得到了非常多别人的经验和建议，但是最终要做出怎样的决定，我始终没找到自己认可的答案。

该怎么办？正是这时，转机出现了。我突然想到可以找我的教练同伴，做一次教练对话。而就是因为这次教练对话，有了我人生发生巨大改变的瞬间。

到现在算来，已经过去5年之久，整个过程的很多内容我已经忘了，但是那个瞬间我到现在都还记得。

在这次对话中，我说了自己纠结的地方，说了很多我头脑层面上想到的所有的利弊，然后就在某个瞬间，我的教练问了我一个关键的问题：“如果你的人生中，没有了某个选项，你的感受会是什么?”这个问题，一下子触动到了我内心的最深处。

然后，她带着我分别体验了两种可能性下的感受。我先去感受了一下，假如我选择在“一行”创业，再也没有现在稳定的工作，我的感受是什么、我看到了什么画面。

这种可能性下，我感到很充实、很开心，可以做自己认可的并且有意义的事情。

但我也依然觉得有些可惜，因为毕竟现在的工作很稳定，待遇不错。所以看到这个画面之后，我依然纠结。

接下来，我又体验了一下，如果选择继续现在的工作，我的人生中从此再没有“一行”和“一行教练”，会是什么情形。

当我的教练说出这个问题时，我的眼泪瞬间就下来了。我甚至没有跟教练做任何语言的表达、分析，就是想哭，想流泪。

我发现我完全不能去想象我的人生没有“一行”的画面。哪怕只是让我去“想想”，我都觉得心非常痛。而这个流泪的瞬间，让我一下子明白了我该怎么选。

我明白了“一行”和“一行教练”在我心里的分量，我明白了这个选项对于我而言，已经不是任何理性分析所能表达的了。它所承载的，是我跟“一行”和教练的最深层次的同频共振，它所代表的，是我愿意付出一生的事业。

所以，这次对话之后，我没有再犹豫过。我痛痛快快地回复K叔我决定加入，跟之前的公司领导沟通。辞职、创业，这一路走来，我无比坚定。这就是教练对话，带给我的平和和笃定。

然后我就从初创“一行教练”走到现在，陆续创立“一行教练特训营”、国际教练认证ACC直通车等多个高端训练营，并创办了目前中国教练界最大的深度长期陪伴社群——“一行教练成长俱乐部”。

我也因教练收获了可以全球旅居办公的生活，收获了很多人的喜爱，也收获了这份我愿意为之奉献终生的事业。

这就是对话带给我的自在和丰盛。

## 02 走出漩涡，打开一番新天地

回想起来，这次教练对话不仅让我做出了最正确的决定，也让我更加坚定了对“一行”和教练的信念。从那一刻起，我的人生轨迹发生了翻天覆地的变化。

我也因此直接或间接地见证了非常多的伙伴因教练而让自己的人生发生改变。

我在学习教练之前的生命状态，如果用一个词来形容，就是“漩涡”。

那个画面仿佛是我身在一个黑色的漩涡里，让我有一种非常强烈的被裹挟的无力感。我感觉自己再不做些改变，就要掉进漩涡眼里了。那时我整个人的状态很压抑、焦虑、不安定。

而带我跳出曾经的困境漩涡，打开这一番新天地的，就是教练。现在的我进入了一个明亮、温暖、勃勃生机的生命状态。

为什么发生了这样的改变呢？如果总结来说，我觉得发生改变的最重要的原因就是“成人达己”。

作为要成为教练的我们，掌握这些方法，首先最受益的是我们自己。

我们在学会教练方法之后，首先会增加对自己的了解和觉察。而且在帮助到别人之后，我们也会得到来自教练对象正向反馈后的成就感和价值感。

正如《论语》中提到的：“己欲立而立人，己欲达而达人。”

拿我自己举例，我选择持续深耕教练的初心很简单，我希望支持我们“一行108自律行动营”的学员，可以享受到更专业的一对一的教练对话，进一步的激发潜能，减少干扰，绽放生命。我的初心是“成就他人”，也就是“成人”。

我也希望通过教练，能支持更多的人活出平和、笃定、自在、丰盛的人生，这也是“成人”。

带着这样的发心，我在“一行”培养出了1000多名的认证教练，学员覆盖了全球14个国家的华人。因教练服务、教练培训而辐射到的受益学员已逾万人。

我通过自己的教练对话，也支持到了很多人，比如帮助大型国企人力资源总监升级管理方式；帮助500强外企高管纾解对年底大客户年会组织的恐惧，并且圆满达成目标；新冠疫情期间，帮助组织规划员工发展，缓解员工焦虑，提升了组织的绩效成果，以及员工对工作生活的信心。

但我没想到的是，学习教练之后，其实带给我自己的收获也是巨大的。

比如，我找到了自己很久都想不清楚的问题的答案，这里有关于我的原生家庭的，有关于工作事业的，也有关于我跟老公关系的等。成为一名教练之后，我的太多决策，都是通过教练的方式，找到内心真正的答案。我人生中曾经的很多困扰都因此解开了。这是生命状态角度的“达己”。

我在工作中的工作方法、管理模式都因为教练思维而产生了极大的改变。我开始用教练思维设计团队架构、带领团队工作，所以即使我们“一行教练”的工作人员全部在线上，大家的凝聚力和效率都是极高的。并且，我因此还收获了不受空间限制的可以投入一辈子的工作。这是事业上的“达己”。

我现在的长期教练对话的订单都是数场对话合计上万元的级别，这是收入的角度实现的“达己”。

当然，我并不是一开始学教练就可以收到这个价钱。几年前，我的对话没有收这么多钱的时候，我给客户做教练对话时，自己也得到很多成长和滋养。这是内在成长方面的“达己”。当我见过很多人的烦恼，我更加体会到，原来这世界上还有这么多烦恼，并不只是我在烦恼，我因此会豁达很多。

当我支持过很多人解决他们的烦恼，转变他们心态，实现他们的目标，我便会更加体会到，原来太多眼前的困难，都是有法可解的，因此我对生命的巨大潜能也会生出更多的信心。

所以，做教练其实很符合“爱出者爱返，福往者福来”这句话，你会因为你在用爱意来以生命影响生命的同时，而收获更多的爱意与福气。

## 03 “一行教练”

在我做教练和教练导师的过程中，经常会有人来找我咨询：

什么是教练？

什么时候需要找一名教练支持你？

什么人适合学习教练？

确实，对于国人来说，教练还是一个稍显陌生的概念。所以我在这里也为大家进行一个简单的介绍。

### （1）什么是教练

首先我们看一下全球教练界的权威机构——国际教练联盟（简称ICF）对教练的定义：教练是启发思维和创造力的协作过程，能打开客户潜在的想象力、生产力和领导力，最终激发客户的最大潜能。

简单来说，教练是一种专业的对话技术，能帮助人们跨越卡点，实现自己目标的过程。

在这个过程中，教练不会给你建议、答案，而是通过专业的提问、倾听和反馈，帮助你探索内心深处的情感、需求和模式，从而发现自己的潜能和解决问题的方法。教练是科学的，是艺术的，与玄学、神秘学无关。

就拿我开头的人生故事来说，面对事业上的重要抉择，尽管我咨询了很多人的建议，但依然无法做出决定。而在教练对话里，我的教练没有告诉我该怎么做，也没有告诉我他的经验和建议，而是通过问我“如果你的人生中，从此没有了这个选项，你的感受会是什么”这类教练式提问，激发我内在的智慧和潜能，帮助我看到自己内心最真实的想法。

正是这种方式，让我最终做出了最符合自己内心的决定。

### （2）什么时候你会需要找一名教练支持你

想一想，在你人生中遇到过哪些很关键并且需要支持的时刻。

当你遇到这样的时刻，你是否希望自己身边有这样的人，她相信你内在的潜力，激发你内在的智慧，愿意倾听你，而且不会评判你？

教练，就是这样的人。

教练可以在很多情况下提供帮助，可以说，一切没有正确答案的话题，都可以拿来做教练对话。

当你面对重大决策时，比如是否要换工作、搬到新城市，或者像我当时一样，犹豫是否要全职创业，教练会帮助你厘清思路，做出更符合内心的决定。

当你感到迷茫、困惑和焦虑时，比如遇到情绪低落、内心矛盾或者在工作生活中遇到挑战，感到非常迷茫，不知道如何前进时，教练可以支持你找到内在的力量和方向。

当你希望提升自我，激发潜能时，比如你想实现职业上的跃迁、人际关系的改善、增加自信等，教练可以为你提供支持、陪伴、激发，帮助你一步步实现目标。

教练可以在关键时刻给你陪伴。无论你现在处于人生的哪个阶段，是否有明确的目标，都可以尝试教练对话。它可能会带给你意想不到的收获和改变。

### （3）什么人适合学教练

什么样的人适合学教练呢？主要分两大类。

第一类，如果你的身份或者职业决定了你的行为会影响他人，要与其他人沟通联系，那么你就适合学教练。

比如在企业里，如果你是管理者，你要管理下属，你会影响到他们；如果你是HR的话，你需要去盘人力资源，去激励不同岗位的人；如果你是销售，你需要向别人销售产品，影响你的客户等。

再或者你是助人类相关的职业，如心理咨询师、社工、倾听师、规划师、老师等，都是极其适合学教练的。

老师会影响着一整个班级甚至多个班级的学生，这些学生的背后还有他们的家庭。在“一行”，有许多老师在学习教练技能后，成功地将其应用在教学和沟通中，提升了学生学习的主动性和自信心。在我们这里学过教练的老师，会给学生做教练对话、做教练式自由书写。

父母也是非常重要的群体。父母的身份注定你要直接影响到你的孩子。情绪稳定的父母，会带出情绪稳定的孩子；善于启发的父母，会带出善于思考的孩子。许多父母通过学习教练技能，不仅改善了亲子关系，还会看到孩子们在情绪管理、思维能力和自信心方面的显著变化。

第二大类，关注自我成长的人群，也就是想通过学习到专业体系化的理念/工具，支持自己变得更好的人，是非常适合学习教练的。

比如，有人想通过学习教练，进行自我教练对话为自己解决问题；有人想提升自己综合软实力（沟通力、思考力）；有人想通过教练学习，增加有助于主业或副业发展的技能，加强自己在事业发展上多重可能性。

以上，就是适合学习教练的两大类人群。

## 04 成人达己

行文至此，当我回想起我的故事和改变我人生的瞬间，心里还是会觉得很感动。

教练不仅改变了我的人生轨迹，也给非常多的生命带来了人生改变的瞬间。

我自己的生命因教练而焕然一新，我们的训练营学员因为教练对话服务，激发了内在的动力和潜能，而“一行教练营”的同学们，因为学了教练，增加了新的副业技能，带来了新的职业机会，他们也因学习教练，而更好地支持了孩子的成长，改善了家庭的氛围，工作和生活都发生了巨大的变化。你在看这本书时，也会看到非常多人生瞬间发生改变的故事。

这不是魔法，这是对话的力量，是教练的力量。

它让我们看见了自己内心的光芒，听到了自己内心深处的声音，找到了属于自己的那条路。

我相信，教练的光芒慢慢地会照亮更多人的生活，整个社会也会因为每一个生命的改变，而变得更加美好。

今天，希望我的故事和分享能带给你一些启发，让你看到教练的真正价值。如果你也希望在自己的生活中有新的可能性，“一行教练”的世界随时欢迎你来连接。

最后，引用我们“一行教练”的愿景，作为本篇文章的结尾：

愿“一行教练”能助力更多人，通过教练活出平和、笃定、自在、丰盛的人生。

愿我们每一个人，都活出平和、笃定、自在、丰盛的人生。

# 赵 翼

## 让教练惠及更多人和更多家庭

**赵翼**

"一行教练"首席战略顾问

经济学博士

教练式伴侣践行者

我的故事并不复杂。我就是一个被教练帮助的人，决定利用教练来帮助更多人。

曾经的我是个无所畏惧的人，相信兵来将挡，水来土掩。相信自己全力向前奔跑，就没有解决不了的问题。直到4年前，我因为工作劳累、压力过大，生了一场急病。

我是直接从工作地点被120拉到医院急救室的。昏迷前的最后一个记忆片段是好像有人在扒我的眼皮，然后下一段记忆里，我就已经在医院病床上了。醒来的时候头痛加胃绞痛使我汗流浃背，我忍着疼，一口口咽着朋友们买的粥补充能量，听旁边大家小声讨论初步确诊结果：疑似急性癫痫，需要复诊。

恢复一点力气后，我没有住院，还是决定坐当天的高铁回北京。当时的想法，现在想想也挺可笑的。我在担心自己会不会就这样没了，那样的话，也得先躺在暴暴怀里再说。至少，我得在去靠近她的路上。

所幸后来的检查一切都是“疑似”。医生说如果5年内不复发，说明身体没事。

身体大概没事。但坏就坏在，我的心也跟着病了。

我在电脑上新建的空白文档，一个小时后还是空白。自己已经写好的文章要去修改补充，我也会在打开后愣神十几分钟，然后发现：自己在这期间什么都没干。

我知道，我在恐惧。

我的身体记得它是因为工作压力倒下的，所以当我选择再去回头面对那些以往的工作时，我的身体甚至会抵触我去工作。

我的大脑似乎在说："你来工作了？那我关机了，不再给你一点玩命的机会！"

所以我比谁都清楚，道理是救不了我的。

病来如山倒，病去如抽丝，心病更是如此。不管是谁，包括我自己，如果只是跟我说"没关系的，勇敢起来，你可以的"，这只会让我自己的潜意识和身体更加封闭。

我天天在心里跟自己讲："不要急，慢慢来。"但是怎么可能不着急呢？一直这么下去，那我这人不就废掉了？

## 01 教练思维升级加对话带我走出低谷

就在这个时候，暴暴给了我一个接触教练的机会。

那时的我对教练对话也好，心理咨询也好，都很抗拒。所以她并没有强迫我去和人谈论我的问题，而是交给我一个任务：和她一起整理“一行教练”特训营的课程。她写初稿，我去审校。

总不能天天在家待着什么也不干，所以我抱着试试的心态接了这个活。让我惊讶的是，我面对这样的工作大脑不会一片空白。暴暴写出的教练营课稿本身就是对教练思维和技能的传递，所以我会一边整理，一边循着课程的内容思考：教练原则是每个人都是OK的。那我现在是不是其实也是OK的？不，哪里OK了，现在这个状态什么都干不了，还OK呢。但也不对，至少人还在这活蹦乱跳的，而且也不是什么都干不了，也算好吧。

这种翻来覆去的思考持续了大概一两周后，我突然觉得我的状态发生了一些变化。我之前总是用一种“不OK”的态度去看待当下的自己，觉得自己很糟糕，应该变得如何，这反而让我的意识和身体打架。现在，我通过教练课程的耳濡目染，渐渐地有了更多接纳自己的态度之后，我的身体反而更听我指挥了。

我是真的没想到，光是整理这些稿子就能让我状态进步，那教练对话是不是也可以尝试一下？

那段时间我和暴暴都是居家办公。于是尝到甜头的我跑到暴暴的屋子，跟她说：“来，给我做个教练对话吧！”

她瞪大了眼睛看着我：“啊？你不是……”

然后她恍然大悟：“好！做做做，现在就做！”

第一次对话的效果不能算太“成功”。暴暴事先也跟我讲，其实亲密的人相互做教练对话可能效果会不好，但我觉得问题不在这里。最大的问题是，我发现我居然是个不善于表达自己深层感受的人，所以最终的探索成果并没有真正解决我的议题——让我“行动起来”，反而让我接下来的3天一闲下来就开始想：原来我是这样的吗？我就这么不会表达自己感受吗？

教练课程里说：改变，是必然发生的。

还真是。

那次对话之后，我渐渐开始更多地关注自己的感受了。一开始，这反而带来了一些“我变得更差了”的错觉，因为我发现自己其实很容易生气，对自己和别人也有很多的不接纳，只是我很少去表达这些想法。我也确实因此沮丧了一段时间，因为发现自己原来没有自己想象的那么好。但我能感觉到，这些情绪和感受在我以往的人生中并不是不存在的，而是我下意识地忽视了它们。忽视并不代表消失，我也头一次真切地感受到了积压的、不被表达的感受给自己的负担。我发现自己其实很久之前就在对过往工作里的自己有怨气，自己总是下意识地照顾完这个照顾那个，却很少照顾到自己。

这是个很有趣的“失之东隅，收之桑榆”的收获。我带着“行动”的议题去和暴暴对话，收获的却是对自己更清晰的认知。我在对话后的心态也变得好了许多：看见就是力量，那些怨气在我看到它们的时候就消散了一大半，剩下的，我决定交给时间。

## 02 我的愿望：让教练走进千万家

这次对话让我决定更深入地去了解教练。

和暴暴聊过之后，我决定以一个学者的姿态去完成更多对教练的学习和研究，尤其是阅读和掌握更多英文资料和文献，让“一行教练”与国际接轨。这是我的老本行，我干起来驾轻就熟。

这一次，我的身体没有抵触我的行动。

在知识的海洋里再次遨游的我找到了久违的快乐。在查阅各种文献的过程中我梳理了教练行业的发展历史，也看到了全球各界精英对教练的认可：比尔·盖茨在Ted演讲中直言“每个人都需要一个教练”；外科领域的顶级期刊Annals of Surgery刊登的研究表明，专业教练的支持可以有效减缓外科医生的过度疲劳，提升他们的心理韧性。在进行了一段时间的深入了解和研究之后，我对教练能够帮到我，也能帮助到更多人的信心增长了不少。

同时我觉得很惊讶和遗憾的一个点是：这样一个能助人助己的技能，真的很少有国人能接触和了解到，或者了解到的根本不是真正的教练。

这让我渐渐萌发出了一个想法：要让教练惠及更多人和更多家庭。

教练技术在世界的不同区域发展是极其不平衡的。在欧美等发达国家，教练已经是一个不需要去解释的概念。但在中国，当你提到教练，别人要么以为你是做游泳健身体育类的，要么以为你是驾校的教练。在这里，它依旧是一个处在早期市场的新技术，只有少数人才能从这项服务中获益。

我把这些想法和暴暴讲了，她也非常认同。这些想法最终也和越来越多“一行教练”们的共同愿望融汇在了一起，形成了我们的使命：让教练走进千万家。

## 03 教练式伴侣的幸福

之后，我和暴暴的对话也在持续进行着。在她对话的支持（当然也包括生活上的支持）下，我的身心渐渐恢复，整个人甚至比以前更平和了许多，还意外地拿下了梦寐以求的博士offer。我们两人因此远赴新加坡，开始了海外旅居的生活。

我在学业之余，开始更多地学习教练技能，练习对话，也保持着对教练行业发展态势的关注和总结。我每年都会定期举办讲座，为大家做行业分析与展望，让更多人去了解在新的时代背景下，教练能为我们带来什么。

这样的线上创业生活给了我更多自我疗愈的空间。每天工作闲下来的时候我就会和暴暴去楼下走一走，吹吹风，边走边聊。有时候聊着聊着就开始对话，谈着谈着自己也会放下一些负面想法。

我们两个成了可以相互做对话疗愈的“教练式伴侣”。在我需要的时候，她会静静地听我说，听我倾吐那些心里的烦闷和不快之后再回归理性，想出更好的解决方案；或者通过一步步提问，问出我内心深处连我自己都无法意识到的真实感受，探索我心底深处的那片“深海”。而在她需要的时候，我也学会了如何创造一个想象的场景，让她在那个场景里链接到自己内心深处的女孩，触碰她心底深处的渴望、恐惧、不安全感和期待，同时也让她在探索中看见自己更多一点、关照自己更多一点，与自己和解更多一点。

现在的我，用暴暴的话说，就像是到达了一个新的状态巅峰一样，不再像以前那样总是一言不发拼命勉强自己，而是能在努力工作的同时更好地照顾到自己和周围人的身心。

这就是教练带给我们的幸福。

# 冉冉

## 从内向医生到
## 生命疗愈教练的旅程

**冉冉**

临终关怀教练

生命疗愈教练

转换赛道的三甲医院急诊医生

在人生的长河中，每个人都会经历无数次的蜕变。对我而言，这不仅仅是一次职业的转换，更是一次心灵的觉醒。从三甲医院的急诊医生，到成为一名临终关怀和生命疗愈的教练，我走过了一条漫长而曲折的道路。这段旅程让我深刻体会到，改变并非易事，但只要我们愿意，就能够打破束缚，迎接全新的自我。

## 01 童年的影子

我自幼内向，性格的形成与我的家庭背景紧密相连。我的父亲体弱多病，母亲因幼时的疾病智力受限，他们的婚姻似乎更多是出于社会和家庭压力而结合。我由奶奶一手带大，记忆中很少感受到来自父母的关爱，我们之间的交流寥寥无几，关系更像是同住一屋檐下的陌生人。

在20世纪90年代的下岗潮中，父亲开始尝试摆摊做小生意，但由于不擅长交际和缺乏经济头脑，生意只能勉强维持生计。他告诉我，家里的经济状况只能保证我的基本生活和教育需求，这让我从小就生活在一种物质的匮乏环境之中。母亲在我初中时因脑出血去世，我对此并没有太多情感波动，仿佛我的情感也被封闭了。

这种缺乏关爱和物质的匮乏的成长环境让我产生了自卑感，我不愿意与人交流，也不想参与到同龄人之间的攀比中。我没有女同学们那些漂亮的裙子、发夹和头花，也没有课外书、零食和玩具。父亲和奶奶总是对我说，他们无法给我太多，只有通过读书我才能改变自己的命运。

尽管家庭环境并不富裕，但我在学习上似乎总有一些好运气。我以较低的成绩进入了重点班，又以稍逊的成绩进入了尖子班。高中时我感受到了巨大的压力，这让我在学业上有所下滑，甚至一度被建议转去文科班，但我拒绝了。高考时，我与一位学霸同桌，那次被称为史上最难的高考数学考试中，我意外地考出了90分，勉强进入了二本医学院，学习了医学美容专业。

尽管知道自己并不喜欢医疗行业，热爱的是美好和创造，但为了生计，我还是选择成为一名医生。我幸运地留在了当地最好的三甲医院，尽管只能在最忙最累的急诊科工作。为了留在这个城市，我在那里工作了整整12年。

这份工作让我感到极度疲惫，业余时间我常常沉迷于网络小说和购物，以此来逃避现实。我渴望改变，但又不知道从何开始。我尝试了各种知识付费课程和副业，从专注力培训到股票基金，再到视频制作和闲鱼店运作，我都有所涉猎。我也尝试过经营蛋糕店和做微商，但由于不善经营和沟通，这些尝试最终都以失败告终。

2023年4月，我得到了一个去国企工作的机会。这个机会让我非常纠结，毕竟这意味着我要离开工作了12年的地方。但直觉告诉我，我不能错过这个机会。经过半年的思想斗争，我最终决定辞职。

新工作轻松了许多，也给了我更多的时间来学习和思考。就在2023年的双十一，我无意中刷到了K叔的直播间，并参加了他的“7天创富营”。起初我以为这和我之前尝试的知识付费课程没什么区别，但从那一刻起，我的命运开始发生了转变。

## 02 转变的起点

为了退回押金，我每天晚上认真地学习。到现在我只记住了暴暴的自由书写体验。那个晚上，隔壁房间不时传过来老公陪娃写作业时的怒吼声，我坐在一盏小台灯下，边写边哭得不能自已。之前我有因压力而哭，有被感动而哭，却从未有过为自己的人生而哭。我深深地被暴暴温柔而坚定的状态吸引，那是我想要成为的样子！作为一个从来没有听说过教练是什么的人，我毅然报名加入“一行”

的教练营。

改变从和人建立交流开始。我没想到一个线上知识付费的学习，居然需要完成实践课才能毕业。为了能够得到毕业证书，我在完成学习和作业之余，还不停地约小伙伴进行视频或语音对话（这是我最讨厌和人交流的方式），这也是我改变的关键。

教练对话是一个深入交流的过程，而我的不安全感让我不习惯和陌生人直接进行深入沟通，所以我需要主动抛出一些话题来暖场，而这对我来说是很痛苦的。好在我们的学习过程当中学到了如何做到亲和，我开始和客户聊起他们的名字、家乡，神奇的是一场无障碍的聊天一下子被打开了。后来我收获很多小伙伴的反馈，说和我的对话过程非常轻松，自然而流畅。经过几十次交流，我发现自己也是有和人沟通的天赋的！我慢慢地适应了和人沟通。

## 03 心灵的觉醒

在一次对话中，我突然找到了人生的方向，在那一刻我真的是激动万分。之前我把学习和对话当作艰难的任务，像是高考之前的冲刺逼着自己去学习，自己并不是真喜欢，只是为了拿到一个成果而已。但是在当我发现我的人生目标是可以通过教练来达成的时候，我整个人一下子就被“点燃”了。不知道有多少年没有看书习惯的我立马把暴暴推荐的书全买了，并且如饥似渴地去看，而之前早上闹钟响无数次才能叫醒的我，居然在早上5点多就自然醒了。

而我一直想要去探索的人际关系问题，也在对话中得到了答案。2024年大年初三的早上，我进行了对我生命影响特别大的一场对话。这里我非常感谢我的教练，她从一开始并没有急着对话，而是陪着我聊了很久，让非常紧张的我能够充分放松下来。

探索过程中，从第一个问题开始我就忍不住浑身颤抖，随着教练提出的一个个问题，我逐渐看见并走进自己的内心，对话的整个过程我哭得稀里哗啦。我和小时候的自己进行了链接，说出一直压抑在自己内心深处对妈妈的感谢和思念，我看到了自己在遇到强烈情感创伤时大脑会将情感紧紧封闭，这是我的自我保护机制。我将自己从不配得中释放了出来，努力地将那个叫作“自卑”的壳从内打碎，看见了壳外面透进来的光。和灵魂粘黏在一起的壳被打碎的过程非常的痛，但却有一种蜕变的爽感。

后来的几天里，我反复地听着对话录音，听一次哭一次。我还做了一件之前从来不敢做的事情：我给同学们分享我蜕变的过程，还拉着老公一起录音，邀请他走进我的内心（大早上的被窝里，他边听边评价我这句话说得不对，那个地方怎么那样子想等。如果是之前听他这样说我会很生气，但当时我很轻松平和，因为我非常坚定，我是值得被爱的）。我仿佛是沉冤昭雪的窦娥，想要对天下人讲我的冤屈：我自己赋予过去经历的意义，居然将自己束缚了这么久！

我整个人逐渐放松，束缚住自己的壳被打破，并冲洗得干干净净，从内而外地舒展开来。被壳分开的内外两个灵魂合二为一后，我轻盈得想要起飞。我感觉自己是一颗被尘封千年的种子，挣破地壳的束缚后吸收着雨露茁壮成长，迎着太阳，开出了光芒四射的花。

## 04 改变的力量

从那以后，我不再自卑，不再有不配得感，觉得生活特别美好，有种能量从底层打通的感觉。我也越来越喜欢和人主动交流，被很多人看见而来主动链接，并收获了很多正反馈，他们被我的能量状态所感染。

我的主动也得到更多被看见的机会。如在108营的小组群、大群里面分享；作为K叔直播连麦的嘉宾；还有在今年“一行教练”年度教练节上，作为分享嘉宾和主持人。作为学习时间最短，教练级别最低的我，因为教练对话带来的巨大改变以及由改变而来的积极主动，被看见，被肯定，也有了更多的成长机会。作为一个还在成长中的教练，我相信未来的道路会越来越好，不再纠结和内耗的我，将会越走越快，在拥有一群优秀的教练的强大领域中，会越走越远。

什么拯救了我，我就用它来拯救世界。我将会用教练这一门技术来帮助更多的人。对话过程中的我能沉浸式感受到客户的状态，感受他们情绪的变化，而且我也为他们的这种状态而深深地感到好奇。所以当我用教练技术来结合我的好奇状态时，我常常能带给客户特别多的启发，也能够引领着他们一起发现他们的内心，使其挣脱现在的泥潭。

这正是我想要成为生命疗愈教练的优势，生命疗愈教练也是结合了我的主业和人生使命要做一辈子的事情。我想要帮助因为疾病和亲人离世而沉浸其中，影响正常生活的人。在工作中我见过很多这样的人，我也懂得他们的纠结和痛苦。教练对话拯救了我，让我从中挣脱出来，改变了我的生命状态，我也想要用这样子的一场场对话去帮助他人，想要他们去迎接自己轻松、愉悦、无拘无束的人生，活出自己真正的状态。

# 黎子菁

## 在烦琐低价值劳动的缝隙中重建自己的价值

黎子菁

“一行”认证教练

家有二娃的家庭主妇

持续走在教练精进的路上

立志成为最懂家庭教育的教练

如果没有经历过，我永远不知道结婚生子这样平凡普通的生活会这样难。现在我已经赤脚蹚过最艰难的一段时光，但是当我坐在这里回想过去，感觉难度的时光就像是我自己的一场梦。

当时我手里抱着一个刚满月的小娃娃，边上还有一个走路摇摇晃晃到处瞎摸乱捣蛋的奶娃娃，两个一起哇哇大哭要妈妈；另外一边是对这一切爱莫能助的家人。这个画面，不管怎么回想，我都还能感受到作为母亲的我内心中的挫败感、愤怒和无奈。

我狼狈地带着孩子们逃回娘家。可是一到半夜孩子就哭闹不停，老父亲推门而入，责备我怎么不哄一哄，怎么让孩子一直哭。本来因为孩子哭闹不止，已经很疲惫很烦闷的我火冒三丈，对老父亲没有一点好脸色。故而我在娘家的日子也很压抑和让人感到疲惫。

还有很多时候，我把两个孩子的事忙完，自己只想躺在床上快快睡去放松一下身心，可一个孩子又来要妈妈抱抱，另外一个孩子毛没长齐就要伸手来抓你，咿咿呀呀凑热闹，妈妈争夺战又开始了。

在这两年的时光里，我不知道白天还是黑夜，因为我一直在精神萎靡不振的状态下，拖着万分疲惫的身躯在家忙活孩子的事情。

## 01 初识“一行教练”

两年过去了，如果现在的我穿越到那时，我能不能做得更好？

我没有答案，但是我知道，现在的我绝对比当初的我更有耐心和智慧来应对各种情况。

是在那种每天都非常迷茫、疲累和焦虑的状态下，我偶然关注了K叔的公众号。我很想接触这样正能量的人。

再后来我了解到有一种教练叫“一行教练”，听起来是一个很神秘的存在。因为每一个小伙伴提到“一行教练”的时候，都说之前进行的教练对话让他们发现了自己的人生使命，从此让自己的人生远离了黑暗的荒原。

所以教练这两个字就在我的脑海里面生根发芽，同时很多小伙伴提到自己在教练对话中有酣畅淋漓痛哭的经历也让我很好奇。在训练营期间做教练对话练习的时候，我一次也没有哭过。有一位跟我做教练练习的小伙伴哭过，现在我明白了其实她哭的是她自己。教练的神秘在于会带领你去看见你自己，找到你自己。

# 02 雪中送炭

过去，我踩过很多消费主义陷阱之后，对于掏钱付费的事极为敏感和防备。那个时候我是不准备报教练训练营的。

于是我就上当当去看教练方面的电子书。当时真的学到了很多，我还做了很多笔记。但是当我在写这篇文章的时候，无论是当当阅读记录还是我在手机做的笔记全部都找不到了，所以现在我也不知道当时我看的书籍给我的启发是什么。但是有三个字我牢牢记住了，是“松弛感”。我的人生已经经受太多的自我打压了，我们应该具备一种给自己松绑的能力，就是不断打造自我的松弛感。

另外一方面，我觉得教练听着神秘，其实也没有什么。这大概是因为我之前对教练有认知上的滤镜。

但是在每一天普通到极致的柴米油盐的生活中，我经常不知道怎么安抚嗷嗷大哭的孩子，不知道怎么去和回到家黑着一张脸，话说不到两三句就发火或者怼我的老公沟通。我觉得很多时候内心有很多话，但是我不知道该怎么去表达。那个时候我以为教练就是培养自己对话的能力，就是帮助我怎么去更好地组织自己的语言，怎么更好地表达自我，怎么让我更会说话，让别人舒服。

抱着这样的想法，我参加了“一行”第十三期教练训练营。

刚开营我就因为看错时间而错过了交作业的时限，先导课的作业亮了一次红灯。开营后第二周因为去外地一周，我感觉自己完了，不可能通过考核成为认证教练了，于是干脆躺平。

当你在一件事情上躺平，其实也是会影响自己情绪的。有一种隐秘的颓废，是表面好强，自我强撑着，才没有一败涂地。

现在想起当时，还是很感谢小组的督导在那个时候主动跟我链接，她用一种让人很舒服的方式来了解我的状况还有想法，同时激励我。这无疑是雪中送炭，让我把握最后的机会通过了教练考核认证。

幸好我是很容易受外界影响的人，那个时候我最大的想法是不能辜负督导的鼓励，想让她知道她没有看错人。

## 03 勇敢走出“新手村”

那个时候，白天我一边做家务一边听音频课程，听对话范例,循环不断地听。晚上等娃睡了便熬夜写作业，复盘课程。期间抽时间约小伙伴做对话练习，每天都充实得不得了。

别以为这样就可以岁月静好。这么没有难度的人生你也太小看老天这个编剧了。第一次约小伙伴做对话练习，我紧张得要死，说完了也不知道怎么进行下一步提问。现在还记得完成第一次对话练习时，心头放下一颗大石后的轻松感。但是随之而来的就是督导对话。

约好督导对话的前一天，跟室友说好了让他带娃，我第二天一大早有会议。结果室友答应下来却因为别的琐事跟我吵架。几个月过去了，因为什么吵已经不记得，只记得当时难受得一宿未眠。第二天早上5点半醒来，准备早上6点开始督导对话，就是有督导在一旁观察对话练习。

我不知道自己是怎么在那种状态下，做到一次通过督导对话的。对话完成之后轻松很多。

真的很感谢那个时候我投入教练这个更重要的事情，才没有陷在家庭矛盾中无法自拔。

针对督导对话练习，督导给了我很多专业且有针对性的建议，我重新复盘设计自己的对话流程，加强练习，最后通过了认证考核。

通过了认证考核，成为“一行教练”又怎么样呢？如果从收入和物质方面，的确现在的我还没有什么成就。但是我仍感觉高兴，我知道我又掌握了一门技术，我仍然具有不错的学习力，我能够学习任何一门我想要掌握的技术。对于一个几乎看不到什么改变和希望的家庭主妇来说，教练对话技术无疑让我燃起找寻自我价值的自信心。

真的很感谢把我从躺平状态拉起来的督导。如果我只会躺平，那么无论遇到什么事我都会躺平。通过努力拿下认证教练的这段经历让我知道，不管做什么事情，尽自己所能就能看见奇迹。在这个过程中，我知道自己在前期的时间和精力投入上有一些失误，导致我很有可能通过不了最终的认证考核。但是我告诉自己，结果不是我能够控制的，结果在编剧老天手上，但是我要在自己能把控的行动中，做好自己能够做的。这样我就少了很多内耗，专注在精进自己的知识和能力上，保持头脑清醒地去做好每日学习复盘，最后通过认证考核。以前听说过一句话，能拿到结果的人都是做对了事情。更关键的是清醒知道哪些是对的事。

我深知，通过教练认证只是第一步，我前面还有很长的路要走，但是我已经找到了方向。感谢算是一个不错的开端。

遇见教练，遇见“一行”，是一种一眼万年的感觉。菜鸟小白在人生这个游戏里面，在新手村打转很久，浪费了些时光，终于挣扎着，打出了出新手村路上获得的第一件秘密武器。这件秘密武器携带在身上，内化于心，可以帮助自己在每日枯燥无味中，自我修行、自我疗愈、自我陪伴。

当你能够很好地自我陪伴的时候，其实是培养出一个特别了不起的能力，就是看见自己的能力，见自己则能见众生。与自己和解的同时，我也能很好地陪伴家人。这个时候我的内心充满了感恩，感恩自己真的在浮躁的生活中可以看见真实，可以获得一些内心的平静。

遇见教练，遇见“一行”，是一种生命的转机。我希望未来可以在教练这个领域去帮助更多的人，从而实现自己的人生价值。以前一直讲利他，但是当我去帮助别人的时候我总是感觉内心憋屈。直到我在雅洁老师的公众号文章中看到过一句话才豁然开朗：坚决抵制成为人上人的欲望。当我把两者结合起来，就好像获得了武林高手的毕生功力，打通了自己全身筋脉，获得了一股无比的力量。我感恩在浮躁的现实世界中一直坚持分享真实的可爱的人们!

经历过这样和那样的人生体验，我暂时还没有很亮眼的成绩单。唯有沉淀下一颗平静的心，真诚地希望能够去陪伴有机会靠近我的人，一起精进，共同成长。

平凡普通的人生也值得拥有幸福。

# 璟希

## 对话与超越：重拾追梦勇气，从教学到人生的全方位突破


**璟希**

教师，15 岁男孩的妈妈

40+ 获得硕士学位，终身学习践行者

短短一天之内，我完成了长达一万多字的课题申报书撰写；我引导孩子转变了学习态度，从原本的被动学习转变为积极主动地探索；我率领的团队在省级赛事中斩获了铜奖；在这一过程中，我与自己的内心达成了和解，重新找回了那份敢于追梦的勇气。

在当今社会，交流和沟通是我们与他人相连接的桥梁，对话是一种有力的工具，能够帮助我们实现深度理解、彼此学习和共同成长。无论是在生活、教育、工作、辅导还是其他领域，对话都扮演着重要的角色。而我真正意识到对话的价值和影响是在自己体验了一次教练对话后，在教练的提问中我感受到了自我突破的力量，也深刻体会到对话所带来的巨大价值和深远影响。

## 01 35 天碰撞与迭代：感受教练的对话力量

当我初次接触到“教练技能”这一概念时，身为一名教师的我并未给予过多关注。我认为可能就是加持了心理学方面知识的聊天，反正就是一次体验，试试也没什么损失。我是个好奇心特别重的人，对没有尝试过的事总是充满期待。

教师的职业习惯促使我对这一新领域进行了更深入地了解，比如什么是教练技术，什么是对话，什么是提问等，然后开启了我人生中第一次付费聊天（对话），我的教练名字是“洗衣机”。是的，就是洗衣机教练让我第一次通过一根网线在一个陌生人面前袒露心声。在提问过程中，教练始终尊重我的犹豫、停顿，耐心倾听我的回答，并给予我充足的时间和空间进行思考。在对话过程感受到自己被无条件地理解和接纳，感受到了无比的放松，通过被尊重和倾听，我感受到了教练对话的神奇魔力。这次对话，是我进入教练特训营学习的原动力，也是指引我进教练特训营的那束光。我报名参加了“一行教练”特训营，开始了一段“鸡飞狗跳”的旅程。

我是一名老师，也是一位母亲。我的身份决定了自身只有具备赋能力量，才能以言传身教的方式去影响到我的学生、我的孩子。在学习教练对话的初期，我对于自己能否帮助孩子突破学习瓶颈、成为教练式父母以及实现自我教练的目标感到迷茫。尽管面临诸多不确定因素，我仍决心尝试改变并突破自我。在接下来的35天学习过程中，我为了完成作业而不断努力，尽管过程充满了艰辛和波折，但我的学习成绩却突飞猛进。

不仅如此，在教练特训营，我对教练的角色有了清晰的认识：

教练是一位引导者和启发者，通过对话与学员建立联系，帮助他们实现目标和发展潜力。教练不仅仅是传授知识和技能的人，更是倾听者和理解者。他们的目标是帮助对方从内部发现答案，激发他们的创造力和自信心。教练通过对话的方式与被教练者互动，促使他们思考、反思和探索新的视角，可以建立良好的沟通和信任关系，激发被教练者的积极参与和深入思考。

在学习过程中，我逐渐领悟到提问的艺术和对话的力量。

什么是提问的艺术？

什么是对话的力量？

怎么实现对话的突破？

怎样将对话的突破力量运用到实际生活、工作当中去？

怎么通过巧妙的提问技巧，引导学员自我思考，激发他们的智慧和创造力？

这些都让我入迷。通过学习，我逐渐了解对话是一种相互理解和共同探索的过程，它能够促进各方之间的共鸣和合作。通过对话，可以分享知识、经验和观点，增进彼此之间的了解和尊重。在对话中，可以互相启发，创造出新的思维模式和解决方案。对话还能够帮助人们超越个人的局限，从不同的角度看待问题，拓宽思维的边界。它能够帮助人们超越自身的限制，实现个人和组织的发展。通过对话，可以发现自己潜藏的潜力和可能性，从而迈向新的高度。

教练通过对话引导被教练者探索和挑战自己的信念和偏见，帮助他们突破固有的思维模式和行为习惯。此外，对话也能够帮助组织解决问题、创新和适应变化，促进团队的协作和成长。对话是一种强大的工具，它能够帮助教练与被教练者建立联系，激发思考和创造力，促进个人和组织的发展。教练通过提问和倾听，引导被教练者从内部发现答案，实现自我突破和成长。

在这35天的学习过程中，我的认知不断更新迭代。我愈发感受到赋能的力量所在。在教练对话过程中，我不仅激发了自己的潜能，也实现了个人潜能的更大发挥。

## 02 对话的魔力：自我对话帮我超越个人局限

你相信吗？在“一行教练”营的学习期间，我运用提问和对话让我在一天之内，完成了一万字以上的课题申报书的二次撰写，并成功地在时间节点前提交。要知道，在以前的我看来，这绝对是不可能完成的事情。当时因为电脑突然死机造成文件丢失了大部分内容，我瞬间崩溃，当时想直接放弃。跟领导沟通之后，争取到大半天的时间。然后我问了自己一个问题：如果放弃你会后悔吗？会！自我对话能帮助我超越个人的局限，在规定时间顺利完成目标。

不仅如此，我将在教练营学到的经验和实际情况相结合，应用到了我的教学工作之中。有一次我带领学生参加省级比赛，但特别不巧的是，分给我小组的是录音专业的学生。此专业并不是我专业领域，充其量只是有交叉和涉及，在专业知识方面属于我的盲区。比赛后续期间，部分学生很快就要面临外出实习的情况，这怎么办呢？经过思索后，我决定尝试使用学过的教练方法。所以在接下来的过程中，我和学生们一起确定项目方案并一起推进，采用线下结合线上的形式，大多是采用提问的方式，培养他们自我深挖和剖析问题的能力，不断地发现问题，并一步步地修改方案。

教练方法的效果显而易见，大家从最初的被动消极状态转变为积极思考并尝试解决问题的状态。我们最终从初赛二三百项目中胜出，然后要根据专家意见修改方案以参选省赛。得知这个结果的时候，已经是暑假期间，项目组同学分布在各地，实习的实习，兼职的兼职，而我在去北京的高铁上，怎么办呢？我迅速联系到项目组负责同学，他在兼职中，晚上11点才能回住地，根据专家意见我提出了十多个问题，并约定好腾讯会议时间。凌晨3点，我们顺利完成修改并在系统中成功提交，最终获得了省赛铜奖。在孩子们临近毕业的时候，这为他们的履历添上了浓墨重彩的一笔！这种喜悦的感觉，是无法用语言来形容的。

## 03 教练式妈妈：用对话激发孩子思维的火花

作为一个妈妈，对于孩子的教育方面，陪伴和指导孩子学习的时候，我开始尝试采用教练方法——提问。提问是对话中的重要组成部分，也是教练引导学员思考和自我发现的关键工具。良好的问题能够激发思考，开拓思维，引导被教练者深入探索问题的本质。开放性问题可以帮助他思考多种可能性和解决方案，而封闭性问题则可以让其明确目标和行动计划。当孩子遇到难题或者没有理解的知识点时，过去我可能会告诉他问题的答案，现在我会一点一点启发他思考，循序渐进地寻找解决问题的方法。而他学会独立思考以后，也渐渐会应用到学习中，所以在新学期开学后的第一个月，他的月考就取得较大的进步，期中考试成绩也大幅度提高。通过对话去引导和激发，锻炼他自己解决问题的能力，并初见成果。孩子的小天才手表在无法支付、纸币太旧且折痕过重不能购买地铁票的情况下，他在思考和观察以后，冷静求助了一位年长的阿姨，换到硬币后顺利购买了地铁票。

通过这些事情，都更强烈地让我意识到，用提问和激发潜能的教练技能，的确是比常规的直接建议和告知的方式，更能妥善合理地解决问题。通过学习，我切切实实地感受到了变化，对提问的艺术、对话的力量、对话的突破等有了更深层次的理解和认知，这坚定了我继续精进学习教练技术的信念。

教练对话不仅仅是一种交流方式，更是一种思维方式和生活态度。让我们珍视对话的力量，用它来探索世界、理解他人、实现突破和成长。

最重要的是，我逐渐重拾了对人生的掌控，那个勇于追求的自己再度回归。未来我热切希望能将这份力量传递给更多人，通过对话助他们找寻自我，拥有精彩人生。

# 另一种蓝

## 点亮生命之光：
## 追寻生命意义的自我超越之旅


**另一种蓝**

职业发展与生涯规划教练

世界 500 强企业管理者

15 年金融、外企、互联网从业经验

助力更多人找到个人发展的方向和力量

广阔的人生如同波涛汹涌的大海，我们每个人都是命运的舵手，只有勇敢探索，才能找到通往生命意义的航道。我曾经也是一名被困于港口的普通船员，直到被教练这股春风唤醒，我才开启自我超越的航程。

还记得那场新冠疫情的冲击就像一场突如其来的风暴，打乱了我们的航线，让许多人陷入迷茫的困境。但正是在那段未知的旅程中，教练对话成为我的灯塔，我学会倾听内心，发现了自己职业生涯的新坐标。我逐渐学会如何在波涛汹涌中找到方向。

现在，我不再是掌舵者，而是一个伙伴和同行者，与他人一起探索、成长。这一切的转变，源于我对自我价值的深刻认识和对生命意义的不懈追求。通过教练，我不仅找到了自己的人生航道，也帮助他人发现了各自的光芒。

这是一个关于成长、转变和意义的故事，是我在教练陪伴下自我超越的旅程。让我们一起展开这段航行，去跨越职场的风雨，寻找生命中美好的意义所在。因为在教练之光的照耀下，每一步都将离梦想更近，每一次对话都将温暖人生。

# 01 每一次的坚持，都是自我超越的胜利

初入职场，我只是一名平凡的软件工程师，被生活的惯性困于港口，期冀着机会的到来，却又始终徘徊不前。直到那一次教练对话，如春风拂面，唤醒了我内心深处的渴望之火。

远在新加坡的教练通过视频问我："你真正的目标是什么？你的价值和潜力又在哪里？如果没有限制，你会怎样塑造职业生涯？"这些发人深省的问题像一把钥匙开启了我心中封存已久的梦想之门，我意识到自己不只渴望职位的晋升，更渴望主动实现内在的价值和潜能。

在人生的广阔海洋中探索，每个问题都是一盏照亮航向的灯。我开始运用教练技术，为自己设定清晰的职业目标，并制定行动计划。我不再是那个被动等待机会的旁观者，而是自己命运的掌舵人。凭借着自身优势，我在多个战略性项目中取得了成果，但前方的晋升之路似乎依旧布满重重阻力和挑战，甚至在一开始我都没有拿到期望已久的晋升机会。

在低谷时期，教练的提问再次成为我航行的灯塔，那些发人深思的提问如一缕缕曙光，穿透迷雾，指引着我前行的方向。我不懈努力，在提报即将结束的最后一刻，我感到内心的平静与坚定，这份从容与内心的坚持让我抓住了那次额外增加的晋升机会。还记得述职时，我信心满怀，注视着每一位评委，展示着自己在战略项目中面临困难时采取的方案和获得的硕果，发自内心地阐述着自己的理念与决心。同时，我也呈现出了做好迎接新挑战的准备，渴望能带领团队驶向更加广阔的职场和人生航道。

回望过往的历程，我明白没有教练的启发和自我觉醒的勇气，我不可能取得今日的成就。如今，我已站在职业的新高峰，我不仅实现了职业价值，更在寻找生命意义的航程中向前跨进了一大步。

## 02 每一步自我超越，都将让我们更接近梦想

在职场的漫长航道中，每一步都是对自我价值的探索，也是对生命意义的追寻。教练的智慧之光不仅为我指明了职业发展的方向，更重要的是教会了我如何成为洞悉群星智慧的领航者。

“真正的领航者不是指引方向，而是启迪你读懂群星的智慧。”

在教练的引导下，我开始深入反思：什么是真正的成功？是职位的高低抑或金钱的多寡？不，那些都只是外在的符号。真正的成功，是对内心本真渴望的觉察和实践。我意识到，每一个项目的完成、每一次技能的提升、每一次团队的协作，都是自我价值的体现和升华。我的工作不再只是为了晋升，更多的是为了实现内在的自我。

“每个人都是自己命运的舵手，只有深入探索，才能找到真正的航道。”

有了这种自觉，我将教练的智慧融入日常工作生活。我学会了倾听团队的声音，洞见他们内心的需求与挑战。我主动承担更多责任，不再等待机会的降临，而是用行动去创造机会。我以实际行动展现自我价值，逐渐赢得了团队和领导的认可。我也对领导力有了全新的认知：领导力不是控制他人，而是激发每个人的潜能。

随着时光荏苒，我不仅在事业上取得了一些成绩，更重要的是找到了生命的意义。我开始用教练的力量帮助和支持更多人成长，就像在那个关键项目中，我发现一位虽然技能出众但常常自我怀疑的初级工程师。通过一对一的对话引导，我用一系列开放式提问让他觉察到自身的价值，从而开始积极承担更多责任，最终在项目中发挥了关键作用并实现了个人的飞跃式成长。

“最伟大的成就，是看到他人因你而变得更好。”这不仅是我的信念，也是我行动的指南针。在这场不断变迁的职场航行中，我领悟到最宝贵的一课：我们的成长和成功不仅能提升自我，还能启发和提升身边的人。每当看到同事克服挑战、实现目标，我感受到的不只是满足，更是一种深深的共鸣。这种影响力延伸到生活的方方面面，让我成为更优秀的家人、朋友和伙伴。

## 03 最好的事业，就是用生命影响生命

“每个人的职业生涯都是一场独特的旅程，教练就是帮助别人读懂路标的向导。”

在经历了觉醒、转变和洞察之后，我意识到教练理念和技术对我的改变是如此巨大，我希望能将这份力量传递给更多人。但我并没有立刻辞去当前的工作，而是决定在工作之余，作为一名职场与生涯规划教练，为他人提供职业发展的支持。

日常，我会全情投入自己的本职工作，工作之余，我会专注于一对一教练对话。无论是初入职场的年轻人，还是踌躇满志但遇到

瓶颈的中年人士，抑或是创业者、企业管理者，我都会根据他们的特点和需求提供教练陪伴和探索。

“教练的力量不在给出现成答案，而在启发内心的火种。”

与全职教练的模式不同，我作为个人教练所能服务的人数相对较少。但这恰恰也让我有了更多时间去深入了解每一个人，去挖掘他们内心的渴望和困惑，从而给予最贴切的支持。

每一次真挚的对话，都能让心灵绽放异彩。一位90后的年轻人，在我的引导下重新审视了对“成功”的定义，不再拘泥于权力、地位，而是找到了更契合内心的事业方向；一位中年女性在我的支持下，重拾了多年来被工作压抑的设计梦想，最终作为创业者成功转型；一位临近退休的老员工，也在我的陪伴下规划了人生下半程的新追求……这些分享和反馈不仅坚定了我将教练力量传播的决心，也让我看到了作为个人教练的意义，那就是唤醒他人内心的光芒。

或许，由于时间的原因，我所能影响的人数不多，但每一次的深入对话，都让我有机会真正与客户建立精神层面的连接，去体会他们内心深处的声音，给予最贴心的支持。这种一对一的教练模式，让我有幸见证了每一位客户蜕变的全过程，看到他们如何从混沌转向清晰，从彷徨到确立方向，这也是对我最大的馈赠。

未来，我仍将在工作之余，继续扮演职场与生涯规划教练的角色。我期待通过一次次对话，去帮助更多职场人突破阻碍，找到内心的力量，开启精彩的人生新篇章。因为只要肩负使命，就必将永远在路上，用教练的智慧和经验，一步步去影响和温暖更多生命。

## 04 教练的旅程从未止步，只要你我在路上

跨越职场风雨，追寻生命意义，这是一个贯穿我整个职业生涯的主题。

一开始，我只是一名普通的软件工程师，直到遇见教练对话，我才开始重新审视内心的渴望，勇敢追寻自我价值的实现。

在觉醒之后，我运用教练技术，成为自己命运的舵手，凭借不懈努力获得了职位晋升，但更重要的是，我找到了通往生命意义的航道。

转变的过程中，我将教练理念融入生活工作，学会倾听内心和团队的声音，勇于承担责任，以行动诠释价值。我不仅在职场取得成就，还将教练的力量传递给他人，帮助他们成长，实现自我超越。

为了延续这种使命，我开始在工作之余成为职场与生涯教练，用一对一的耐心引导，帮助更多职场人突破障碍，找到内心的光芒，

开启人生新篇章。

在这条追寻生命意义的旅途上，我时而觉醒、时而转变、时而延续，但方向从未改变。因为我知道，只要勇敢前行，每一步都将离梦想更近，每一次对话都将温暖生命。

作为一名ICF国际认证教练，我的使命就是用智慧和经验之光，照亮更多职场人的航道，引导他们读懂人生的风向，追寻属于自己的生命意义。

所以，让我们一起携手前行，在汹涌的职场大海上互相扶持、共同成长，用勇气和坚持去跨越每一阵风雨，去追寻生命中那些美好的意义和价值所在。

# 好耶

**做一棵向下扎根，**
**向上生长的“大树”**

## 好耶

国企技术专家（公司年发货值 1 亿元以上）

“一行”认证教练，对话时长 40+ 小时，

支持近 50 位伙伴激发潜能

终身学习者，一年内付费 3 万 + 投资自己，

输出 318 篇日课

## 01 以写作弥补失误

2020年1月，年过40的我成为一个二宝妈妈，在家当全职妈妈两年后，入不敷出，经济压力迫使我回到原单位上班。人生迈入40岁的门槛，关注的重心忽然就从追求外在物质，转到向内探索，感觉人生进入一个新的阶段，对于好多事情的看法都变得不一样了。作为两个孩子的妈妈，生活有了双重负担，年过40的我，因为要孩子太晚，等自己退休老二还未高中毕业。孩子还没长大，自己就老了，想想心里就十分焦虑。

2022年11月，我因为在买柚子时被判定为密接，一个人在酒店隔离。隔离第5天晚上，我突然看到一条短信，说是魔力耳朵少儿英语退费加QQ群。看到这条短信，我第一时间的想法是，他们终于要给我退费了。2019年我给孩子报了魔力耳朵英语12999元的课，到2020年大约上了一半课，因为双减政策的影响，不让周六周日上课。我曾在2021年提出退费，客服说让工作人员联系我，后来就没有下文了，剩下的课我也一直没上。抱着试试看的想法，我就加了短信里提供的QQ群。说实话，我平时挺忙的，除了上班还要管俩孩子、做饭做家务，我很少有机会看短信。那天我会去看，可能是因为我一个人隔离在酒店太闲了。之前听说过淘宝购物所谓的退款是骗局，我只防范退货退款了，这种报班后退费就没往诈骗那边想。于是我被钓鱼网站诈骗了35000元，相当于我半年的薪水，我的血汗钱就这样没了，我顿时大哭不已。

事后查询相关资料，像我这种通过银行账号实时转账的，很难追回来。我都不知道该怎么跟家人交代。

就在那个时候，情绪低谷的我在朋友圈看到K叔的文章《我不感谢贫穷，我感谢二胎》后，立志要通过写作挣钱，于是就报了写作营。写作营教我如何拆文，如何写文，我的几次作业被精选，并联合出了一本作品集。当我看到我的名字变成铅字，我激动得热泪盈眶。写作营结束后，我在"一行进化圈"写了30多篇日课，还参与共读活动，我由此拥有了一种笃定的充实状态。

## 02 换事业新赛道遇挫，因教练重获力量

重新上班后由于工作岗位调整，我的收入锐减，恰好在外省的闺蜜的公司要上新的生产线，邀约我去做技术工作（有技术顾问带我），薪水是我现在的两倍。我想着40多岁了还能学个新技术，收

入也能增加一倍，心动的我停薪留职，过完年后的2月10日，我带着3岁孩子就过去了。交了一年房租，在租的房子阳台安装了隐形网，置办了各种生活用品，保姆费和托育费（不够3个月没拿回全部预交款）花了3万。

3月7日，朋友和技术顾问闹翻，技术顾问被辞退了，短短二十几天我几乎什么也没学到。要学的东西涉及配方，产线出现的质量问题我解决不了。4月，二宝发烧，我上不了班，朋友和同事都住在工厂，说我不以工厂为先。此后，公司团聚吃饭，朋友也不让我坐她的车了，更别提坐在一起吃饭。上班2个多月我没起到技术员作用，技术也没学到，对朋友帮助不大。在各种因素叠加下，我向朋友提交辞呈。在公司交接收拾东西的时候，我大哭一场。

我这种本身想偷师的人，技术顾问怎么会真正教我呢？什么带我3年，一个月都不到。

我自己每天以泪洗面，走不出来，直到有一天看到“一行”的小K同学发来信息，进化圈积分可以兑换专属于我的价值299元一次的教练对话，可以解决情绪问题、亲子关系等，于是我链接了林瑞教练。带着“教练是什么”的疑惑开始了对话。

第一次体验教练对话时，我哭的不能自已,我感觉有人比我还了解我。教练抱持住我,给我空间,让我多思考，给我非常大的支持和力量,让我感觉到被看见,无论什么问题都可以向她诉说。

通过教练对话，我变得更了解自己，我看到了自己的一些行为模式，看到了那个对“权威”特别恐惧的自己。这是我以前没有意识到的，但它却在深深地束缚着我。我在想：为什么自己内心那么恐惧“权威”呢？自己过去到底认识了哪些“权威”人物？她们当时是怎么影响我的？她们怎么那么可怕？如果重来的话，我会怎么做？

在教练对话结束时，我发现“权威”人物的出现，原来是让我变得更好，促使我成长得更快。我能看到她们身上也有不足，只是当时我没意识到，她们也只是普通人而已。通过探索，我发现，“权威”人物是我的贵人，也是我的“榜样”人物。

认知上的转变，让我更有勇气、有信心去面对未来与未知，也让我看到自身更多的可能性。感谢林瑞教练的抱持，解决我的问题，感觉非常好！

## 03 坚定走教练的人生道路

过往的人生经历、职业生涯，有成长、有收获，也有很多不得已和痛苦，每个经历其实都在唤醒内在的自我。

如果痛苦不能让你觉醒，那老天会用更大的痛苦让你觉醒。因为自己淋过雨，所以总想为别人撑伞。

学习教练后，从满足他人期待，逐渐开始为自己而活，也助力他人提升内在力量，找到各自的发展之路。

教练学习让我在4个方面有了成长和变化。

### （1）教练技能

我最初只知道照搬教练之剑去走流程，通过持续不断的课程学习、团体督导、一对一督导、参加“火把节”等各种学习和实践，我的教练技能使用得越来越熟练，水平也有提升。

就好像我跑步一样，一开始只能走，根本跑不起来，因为跑一会儿就觉得腿跟灌了铅一样。后来开始慢慢小跑，走走停停，从一公里、两公里到能坚持跑三公里。随着不断锻炼和坚持，我的跑步速度有了提升，跑的距离也在增加。

教练技能的修习之路也是如此，只有通过持续不断练习和实践才能逐步提高。

### （2）社交

学习教练后，我开始能突破心理障碍，自如地表达自己。

之前我的表现障碍为优柔寡断，逃避冲突。我期望拥有清晰的思维，令人信服的姿态。学习教练之后，我做好心理建设：想象自己的意见得到肯定，注意力的重点不要放在安抚别人、担心他们对我的看法上，而是要相信自己能明确表达立场。

在与不同的客户进行教练对话的过程中，最让我感动的是，客户来自五湖四海不同的地方，但他们对我这个“陌生”的教练却是完全信任、完全开放的。

他们表达的内容，是自己最亲密的爱人、父母、朋友都未曾听到的，这种毫无戒备的信任感给了我莫名的动力和热情。

同时，我见识到了色彩各异的人生体验，这样的体验很别致和稀有，也很宝贵。

### （3）工作

之前工作上，我跟助手的沟通像是上级对下级，学了教练对话后，像朋友之间的聊天，这让助手放下戒备，开放自己，不再为自己找理由。

学习教练之后，我的生活一下子就忙碌起来，白天工作完成后，利用工作之余听听课、写写作业。工作效率较之前有了特别大的提升，能够及时跟领导汇报工作进展。

### （4）生活

生活中我更能接纳不完美且有缺点的自己和我的爱人；接纳我

的孩子们的各种状态，相信每个行为背后都有正向意图，不再要求他们按我说的来。以前，我会时不时陷入很多鸡毛蒜皮的“事情”里，计较得失。比如孩子想先玩平板，再做作业，而我则是希望先完成作业，再娱乐，所以经常会有情绪，双方都不开心，自己变成自己讨厌的样子。

通过把注意力转到“人”，我看到了孩子与他人的需求、情绪、感受与内在状态，亲子关系、亲密关系比之前更融洽了。

学习了教练之后，我感受到教练是成人达己的技能，明确了自己的人生使命和想成为的人，找到了全然的自信和笃定。在5个月的时间里，我的教练对话时长已经积累到40多个小时，帮助50个人解决了问题和人生卡点，而且开始了自己的个人品牌打造之路，我坚信当教练是值得一辈子去做的事。

每个人的生活其实都像是一棵树。我们可能会因为风雨而弯曲，因为岁月而变形，但是只要我们愿意，总能找到新的生长方向。

改变从来不容易，但正如一颗种子需要经历泥土的孕育才能发芽成长，我们也需要经历挑战，才能成长为更好的自己。

教练对话的学习，不仅是技能的提升，它更像是一场及时的雨露，滋养了我枯竭的心土，让树根深入到自我认知的底层，发现了真正的滋养之源。

朋友，也许你也正处于人生的某个转折点，不妨问问自己：在你的生活中，有没有哪些“树根”需要深植，又有哪些“枝叶”需要修剪？即使生活给予我们压力和挑战，我们只要愿意寻找并实践，总会找到一条通往自我实现的道路。

期待未来的某一天，能与真实开放、愿意改变的你结缘，陪伴你走过一段旅程，助力你认识自己、看见自己、实现价值。在生命的赛场上找到属于自己的节奏和方向。

# 戴思奇

## 活出精彩的第二次生命

**戴思奇**

曾获设计类国家级奖项的水利结构高级工程师

从自我封闭中走出的二胎宝妈

人生觉醒后重新解读自己的中年女孩

# 01 找寻自我

2023年五一劳动节前，我第一次出现严重的眩晕。天旋地转，全身冒冷汗不止，我完全不能行动，需要同事搀扶才能去医院。医生确诊是耳石症，虽然很快能恢复，但不能根治，而且随着年龄的增长还可能频繁发作。我忘不了那种身体失去控制的感觉，也无法接受自己刚过40就患上了这种老年病症。

然而再怎么无奈，最终我还是得接受这个事实，我开始思考为什么自己会得病，当身体出现问题的时候，没有一个坏习惯是无辜的。长期熬夜加班、吃外卖、久坐缺乏运动、体脂率超标、失眠……而且我竟然全年加班超过800小时！我才发现原来我肆意挥霍的不仅是身体的健康，还有很多本该陪伴家人、关爱自己的时间。一时间我彷徨、失落又无助，伴随着自责和后悔。我的精神状态跌到了谷底，对工作也提不起精神，开始摆烂、得过且过，甚至产生了厌恶的情绪。那时我的精神陷入了内耗，需要疏导，但我更多地沉迷于暴饮暴食和直播购物来缓解内心的烦躁和压力。很快我沉迷购物直播到了无法自拔的地步，家里每天都有新的包裹，周末大扫除时常常清理出我都不记得的过期物品。虽然家人埋怨，自己也觉得过度购买，但抵不过下单时那短暂的爽感和控制感。每天都感觉工作和家人在不断地给我传递负能量，我甚至会埋怨带孩子挤占了我所有的私人时间。我在这种自怨自艾的情绪中走不出来，感觉从工作、生活、亲子关系，再到自己的情绪都是一团糟，而且是在越来越糟的下滑轨道中。都说否极泰来，但是我看不到谷底在哪里，只有绝望的感觉。

就在这时我参加了“一行”的108训练营，训练营里每周有一次免费的教练对话来帮助学员解决卡点。我与教练有了第一次接触，因为有些放不开，所以没有很深的感受，但教练给我的感觉是很舒服的，后面两次就越来越能放开了。在第三次对话的时候，我突然意识到原生家庭对我内心的影响一直都在，而我的内在有一个被我忽视了很多年的小女孩儿，当她和我相拥的时候我泣不成声，原来我丢失了自我，活成了别人眼中的人。

从出生以后到结婚生子40多年我一直是听从父母和前辈的教导，吃苦耐劳，兢兢业业工作，踏踏实实相夫教子，很平凡的一个人。我非常在意别人对我的看法，一直想要得到别人的称赞，所以努力按照别人想要的样子去活，没有想清楚自己到底想做什么，成为什么样的人。就像温水煮青蛙，我慢慢没有了激情，没有了梦想，没有了结识其他人的欲望。我好像给自己编织了一个套子，把自己裹住，既逃不掉也看不到外面的世界。当我在教练对话中重新看到内心的自己时，我感受到她对我的爱和对世界的爱都是那么纯粹，她充满着爱的能量。这股能量从心里传递给了我，给我的感觉是生命被点燃了，瞬间拥有了光和能量，我终于体会到书上说的本自具足这4个字的感觉。原来我不需要别人的救赎，我就是自己的救世主。

## 02 爱与尊重

由于自己一直从事技术工作，不擅长沟通，这些年来与家人沟通越来越差。跟老公和爸爸说不上两句就要吵架，自己的生活陷入一团乱麻，无法在心爱的孩子面前控制自己的情绪，总是吼叫式育儿，过后又后悔自责。

我知道家庭教育、亲子关系出现了问题，我花时间看过很多本亲子关系的书，还上过一系列的家庭教育课程，但就是无法把书本和课程知识实践到生活中去。后来在另一次教练对话中，我从旁观者的角度回看了和孩子们的美好生活画面，突然发觉到我大部分时间根本没有做到把孩子视为他自己，而是把他当成我的所有物，我没有完全打心底尊重他，这反应在我的言行上是如此的高高在上。

我怎么也想不到自己的内心其实并没有真正做到相信孩子和平等对话，我的关注点都在他没做好的方面，而看不到他的美好之处。在教练对话中呈现出来的画面里，我看清自己对孩子的做法和我以为的完全不一样，那个感觉如此强烈，它告诉我：我爱孩子的出发点是自己而不是孩子。我无比愧疚到痛哭，心中涌出一句话："我的孩子是和我一样有独立思想和人格的人，他需要爱与尊重。"我把这句话加入晨读打卡，每日读3遍，用来告诉自己只有内心深处认同我的孩子是一个独立的、有责任心、可以成事的好人，对他充分信赖支持，才能给他更好的人生探索体会。每个人内心深处都有追求美好的意愿和能力，这点毋庸置疑。当我相信自己之后，我对人性更有信心，对孩子更有信心，这种信心帮我化解了各种焦虑。此后我跟孩子们的交流越来越平和，从以前情绪不稳定的狂躁妈妈变成了知心妈妈，孩子们更愿意跟我分享他们的想法和小秘密了，我们的关系越来越亲密，我也不再焦虑亲子关系了。我看到孩子的眼睛里越来越有光亮，有了妈妈支持和托底，孩子更有安全感和自信，产生了更多自己的想法和内驱力。

# 03 重新定义人生

记得我第一次接触教练对话时，教练告诉我可以选择人生使命或者生命之花，我选择探索人生使命，因为我对生活感到无趣，想看看这么无聊又如此平凡的自己到底能有什么人生使命，结果这一次对话就让我重新找回了对工作的热情，也种下了对教练的好奇种子。

后来听了暴暴的直播课，我对教练特训营产生了强烈的学习冲动。因为“一行”的课程都是保姆级的，只要自己认真去学，哪怕是零基础也一定会有收获。但是我对自己的时间还是存有疑虑，对在繁忙的工作、家庭生活中坚持学习缺乏信心，所以特地跟我的教练丁丁进行了一次谈话，那次谈话让我获得了非常惊喜的收获，并坚定了我学习教练的目标。

学习了教练技术后，我仿佛打开了新世界的大门，原来我的生活里还有这么多角度可以探索。每一次探索就像诗歌里的轻吟浅唱，回味悠长，带给我一次次感动和激励，而且这种感觉会持续很长的时间。我发现，原来我是本自具足的，我可以成为光照亮自己也温暖他人，我不再在意别人的评价，也不再认为别人是带着恶意说出不中听的话。我变得自信、开朗、宽容、主动。我更愿意看到世界美好的一面，更愿意相信每个人行为背后都有正向意图，每个人都可以做自己的光。如果他或她还没发现自己的闪光之处，那他/她需要的或许是一个寻找的动念和一次教练对话。

教练教会我不要急，改变是一个自然而然的过程，每一点的觉察都是重塑心灵和对世界观的改造，大概率是缓慢的积累，到某一个时间点才会产生质变。

教练修习于我而言，就是一场一边自律成长一边修心养性的旅程，也是契合灵魂的自我救赎。我决定下半生要持续走在教练修炼的道路上。

荣格曾经说过："每个人都有两次生命，第一次是活给别人看的，第二次是活给自己的。第二次生命，常常是从40岁开始。"在我40岁的时候，生活给了我不容忽视的提示，让我开始反思人生，重新审视自己的价值观和人生目标，收获了新的生命。

这个阶段我与教练不期而遇，我不再过于关注外部的期望，而是更多地关注内在的声音。我开始思考自己真正想要的是什么，追求内心的梦想和热情。通过教练对话，我重新找到了工作的意义，找回了对工作的热情；重新评估了亲子关系，找到亲子关系中自己的定位；关注健康和内心的平静，开启自爱的修心之旅。通过教练对话，我相信自己可以更加勇敢地追求自己的梦想，不需要被外界的压力和期待所左右。

最后我想告诉你，无论你现在处于什么年龄段，都可以随时重新定义自己的人生，活出精彩。不要让年龄成为束缚，而应该成为你重新出发的动力。愿我们都能勇敢地面对内心，重新定义人生，活出精彩的第二次生命！

# 任恕缘

**拂去心中焦虑，**

**享受丰盛人生**

任恕缘

“一行”一星教练

成长教练

二级结构工程师

执业造价师

您是否对自己有过这样的期待，期待自己拥有强大的力量，把遇到的困难轻松解决?

我在2006年底通过了国家执业造价工程师的考试。这给了我换工作的底气，我于2007年到一家国企下面新成立的二级公司工作。因为是新公司，并且业务也很稳定，我在公司的工作内容是跟着项目做造价管理。工资报酬比上一家公司高，工作强度我能够接受。在项目上，我周围的工作同事均有工作经验，大家都是搞技术出身，日常工作中也没有钩心斗角等情况。对这些我是满意的，因此全心地投入了新公司的工作中。

当时，我在心中暗想：要在这家公司的项目上干管理直到退休。从当时整个市场情况及公司的发展来看，这个想法不算离谱。

我带着这样的想法到了2018年。这个时候，我们项目部手上的工程已经结束，却没有看到下一个项目。当时，我觉得这是一个休息机会。这十来年，我一直跟着项目跑，不停地干，现在正好停顿休息一段。等新项目上马又要忙了。

## 01 别人眼中的我已经很好了，为什么我内心却这么焦虑

我们在等待新项目，一等就到了2019年。

对于一个习惯了有目标要去完成的人，这样等待的日子让人觉得无聊。我发现自己开始产生焦虑感。

当我失去了要完成的工作目标之后，我突然发现自己也失去了价值感。我环顾四周，开始在意一些以前自己不曾留意的东西。

我发现自己的同学中已经有人创业成功，以前工作中接触过的新人已经在专业领域有所建树，即使当时不起眼的普通员工也走上了领导岗位……那个时候的自己眼中，周边的人都很成功，除了自己。

自己要面对的是自己所在公司叵测的命运，如果失去这份工作，自己将要面对的未知的命运。

我自己已经陷入了深深的焦虑当中。当时，我感觉自己一无所有，自我评价低到了极点。这导致我的做事效率极低，经常拖延。

我常常会问自己，那个跨专业考取执业资格证的自己去哪了？

我把她丢在哪儿了？这就是我的结局吗？

我也尝试过安慰自己，比自己处境更困难的人有很多啊，看看他们，对比一下，你已经很好了，你现在的温饱是没有问题的。但是这样的安慰是苍白、单薄的。贫瘠的心感受到的只能是匮乏。回看我当时的日记，“拖”“丧”这两个字出现频率相当高。我知道自己应该从这种状况摆脱出来，但是我要怎么做呢？

## 02 真正的丰盛，需要从内心生发出来

在这时，我开始去看一些励志的书及心理学的书，如《高效能人士的七个习惯》《少有人走的路》等。于是我知道了自律。

但是我要怎样才能做到自律呢？自律对我有什么用呢？它会带给自己怎样好处呢？这些问题让我迷茫。

我是偶然的机会刷到K叔公众号文章的，K叔在文章里面提到他通过自律，实现富足人生。看到“富足人生”，我被深深吸引了。我觉得这就是自己想要的。这也成了我要追求的东西。我要怎么做呢？

于是，我开始关注K叔的文章，在他的文章中我又看到了人

生目标，通过找到人生目标可以让人每天充满动力的去工作、生活。当看到这里的时候，我觉得找到了解药，它能让我摆脱目前的“丧”，能让我活力满满。我开始看到了希望。

要怎么找到人生目标呢?

K叔经常在文章中提到了教练技术。通过教练技术帮人们探索到他们的人生目标。我感觉我找到了一根救命的绳索，抓住这根绳索我就能从目前深渊中出去。于是我在2020年的11月购买了“一行”推出的生命指南针的教练对话服务。

在这次对话服务中，教练用生命之花这个教练工具帮我进行了探索。我至今仍然记得，我看到的画面。我是一棵枝繁叶茂的榕树，我的家人围绕在我身边愉快的乘凉。我的目标是：我是一个强健的人，能够圆融地处理人际关系，过着幸福美满的生活。

当对话结束的那一刻，我已经是热泪盈眶了。在这次探索过程中，我觉得我找到了我的目标和力量。

我觉得自己会有一些变化，可是好像又没有什么变化。有变化的是，我开始做一些计划，并完成它们。但是我没有明显感觉自己的变化。

我现在回顾自己的2021年，会觉得这是自己的觉醒开启之年。在这年里，发生了一些事。它们的发生，让我改变。

2021年的1月，我参加了“一行”的知识星球，开始早起看书。

这件事在当时仿佛就是一件小事。没有激起多高的浪花。现在回看这件事，却是自己后续一切改变的开始。

我在2021年参加了“一行”的多门课程学习。视频号特训营、写作变现营、教练特训营、108自律营。这些课程都分别开启了我人生的第一次。

我在对2021年进行总结时写的感悟是：视频号特训营，让我第一次剪辑了一段视频，并发到视频号上；写作变现营，让我知道原来自己还是可以写文章的，还和营里的小伙伴们共同写了一本书；教练特训营，我努力尝试，反正不会少块肉（感悟有点奇怪，后面我再说原因吧）；108自律营，我在里面减重6.5公斤，开启自律之路。

上述课程的学习让我的2021年喧闹不已。同时工作单位也有大事发生了，我所在的单位进一步被业务边缘化。尽管没有说要撤销，但是日子不好过是肯定的了。

回想2021年，我当时是带这种逃避的心理去学习的。想要沉浸在学习中来逃避工作中产生的烦恼。带着这样的盲目心态，我没有结果也是必然的。

在2022年我也制定了一些计划、目标，但实现的很少。离开“一行”课程强制环境的我像泥塑的雕塑，遇到水又变成一摊泥了。这样的状态也让我觉得又让我恢复了焦虑。

好在我在“一行教练”俱乐部里面，俱乐部经常会有活动，也会有伙伴在里面互约对话。这样的氛围让我一直坚持着教练对话。改变也在发生着。

## 03 通过教练技术，我开启了丰盛人生

我一直记得k叔在108营的课程里面讲的那个“飞轮”的故事。飞轮很大，很重。最初，我们的力量无法推动它，但是我们不要放弃，坚持的推动它。随着时间推移，它开始转动了起来。可能它一开始转动得很慢，随着我们持续的推，它会因为惯性转得越来越快的。当那个时候，我们甚至不用力，它也能自己转得飞快。

我推动自己改变的力就是教练对话。

碰到不顺遂的事情我就会焦虑。对于普通人而言，不顺遂的事情是经常会发生的。于是我经常会焦虑。一焦虑，我就会陷入内耗中。内耗的我做事效率低下、情绪也不稳定。我想要改变。

在教练营学习时，我们学过神经逻辑层次分为6层次：环境、行为、能力、价值观、身份、愿景。一个层次会组织并控制下一个层次。当更高层次做出改变时，会自动影响和改变低层次。比如：唱

歌这个行为，我们在KTV唱是可以的，但是在安静的图书馆唱就不合适了。

在教练对话中我们会使用这个工具对客户进行内心探索。我在遇到让我焦虑的事情时，通过教练对话，自己的焦虑得到了平复。在一次次作为客户的对话中，我感受到了自己的成长。我对自己想要的更清晰了，我面对未知事物时更勇敢了。

最近，在一次教练对话中，我聊到了我对老去的恐惧。其实这个问题一直困扰着我，是我避免去触碰的问题。在接触教练技术后的第3年，我在这次对话中直面它了。通过探索，我发现我并不是害怕老去，而是害怕自己老去后，像活在过去岁月里的老人那样失去对这个世界的链接。当我带着这个发现去找问题的答案时，我找到了一个让我影响颇深的画面（答案）。那就是，我要永远保持好奇心，直至生命最后一刻。当那一刻到来时，我要对自己说："太棒了，你要开启另外一段旅程了。这段旅程很特殊，没有人回来讲述过它的样子。你就继续带着好奇心启程吧。"

在这次对话后，我的焦虑减少了很多很多。对我来说，每一天我都带着好奇开始，去体验我的人生旅程。我更多的时候感受到自己活在了当下，不再为过去遗憾，不为未来忧虑。享受着当下的时光。

当然，还是会有不顺利的时候，如果它成为我的问题，我会去约场对话，如果一场不能完全解决问题，那就再来一场。我的问题会在一次次的对话中逐步得到解决。

有句话讲："是什么曾经拯救过你，你最好就用它来更好地拯救这个世界。"这句话可以用在我和对话客户身上。

焦虑、迷茫、拖延……这些曾经深深困扰我的问题，我的客户也有。有位小姐姐，她很优秀。对目前自己坚持的方向有了质疑。通过对话，她重新找到了自信。她在对话后的反馈总结中写道："在对话中收获的自信力，完全不同于从周围人或工作学习中获得的肯定。这更像是一种通过深入自我剖析获得的认同感，自己对自己的认同感。"她在对话中感受到了内心的力量，重启自我，重新出发。

这样的内心力量是别人无法拿走的。它可能会因为种种原因被埋没、忽略，但是一旦契机到来，它就会呈现出来，带领我们去享受丰盛的人生。

# 一杭

## 拥抱最好的自己

**一杭**

“一行”认证教练

赋能 · 成长教练

我出生在广东的一个小乡村，我的父母自我出生就是本地小学的老师。按理来说，在农村里拥有如此优越的家庭生活条件的我应该是一个幸福感满满的男孩。然而，我却是一个内心非常自卑的人。

从离开家乡到县城唯一的重点中学就读高中，然后在一线大城市读书、工作，甚至到成家立业，身为人父，这种自卑感仍如影随形地缠绕着我的心。我觉得自己像一只被囚禁在牢笼里的狮子。我发现他人的情绪状态和外界评价很容易就影响到我自己的内心，有时会不由自主地自我否定。当我情绪出现大波动时，会把自己的缺点无限放大，然后弄得自己的心情极其差。记得有一次工作上的一个紧急任务需要我负责去做，后来出现了一些问题，尽管这问题不是特别严重，也不完全是因为我自己的原因导致的，而我却持续陷在自我否定中，觉得自己很差劲。甚至那天晚上独自在某一大学里头流浪，困了就趴在石桌上或躺在路边的靠椅上，一直到第二天早上才拖着疲惫的身体离开校园。有时即使自己在生活或工作上真的做得挺好的，别人也是真诚夸奖自己，我也常不愿接受。因为在我的认知里，我是一个不配被他人赞许的人。这种自我内耗，恶性循环的自卑状态，常常令我十分痛苦。

我深知，我若不从这种自卑束缚的状态中释放出来，就难以拥有良好的生活或工作的状态，我渴望自我的突破与成长。奥地利心理学家阿德勒在《自卑与超越》中写道：“每个人的心中都有不同程度的自卑感，因为我们都想让自己更优秀，让自己过更好的生活。如果我们勇敢前行，用切实有效的方式提升自我，就能消除这种自卑感。”

## 01 学习教练技术，改变认知

2023年10月，我在朋友圈刷到一篇关于“一行教练”特训营的宣传文。不知为何我被里面的内容吸引了，我按照预约的时间参加了一场关于教练的直播课。在这之前，我对“教练”一词的认知也仅仅停留在健身教练、篮球教练等运动方面的教练。听完那场直播课后，我对“教练”有了更为丰富的认识。我思虑良久，最终还是鼓起勇气报名参加教练特训营。这次的特训营是我个人在线上投入金钱、精力和时间（近两个月）最多的一次学习。教练特训营不仅更新了我对“教练”的认知，也渐渐更新了自我的认知。

国际教练联合会（International Coaching Federation,ICF）对教练的定义是：激发被教练者（客户）思考和创造的过程，与他们相互协作，以最大限度地开发被教练者的个人及职业潜力。

借着那次教练特训营和教练对话等实践学习，我掌握了很多宝贵的教练思维及原则，如每个人都是优秀的；每个人都拥有成功所需要的资源；每个人做出的都是当下最好的选择；每个行为背后都有正向意图；改变是必然发生的……教练思维深深影响着我对人、事、物的看法，让我获得一种思想与行动结合的深刻感悟。

## 02 每个人都是优秀的

这里的优秀是指每个人能胜任自己学习或工作的状态，也是对自身拥有无尽潜能的认可，更是对自我内在生命价值的认可。因为每一个人都带着自己独有的状态及人生使命来到这个缤纷多彩的世界。我们无法选择自己的出身，也决定不了哪位是我们的父亲或母亲，但是我们的出生及成长都有真正的人生价值与意义。我们是独一无二的，我们都是优秀的。

这里的"每个人"首先是指我们自己，发自内心对自我的认可及对自我的全然接纳。很多时候，我并不喜欢自己总是原谅别人的过错但却无法原谅自己，主要原因是我无法做到完全认可与接纳自我。在我做自我觉察时，我对自己说："我是优秀的，我全然接纳当下真实的自己，我接受我有自我否定的思想倾向，我接受被他人的情绪所左右时我个人的万千思绪，我也接受他人对我所有的赞许，他们都是发自内心地称许我所做的一切……我全然接纳我作为一个生命个体当下的所有状态。"这种教练思维如光一般照射在心里自卑阴暗的角落，我的自卑感被温暖照亮了，那一刻我与自卑和好，被自卑感捆绑的我获得奇妙的释放。

当我坦然接受并觉察自己无论在何时何处何境况都是没问题的，我就更加相信"每个人都是优秀的"。于是，我对身边的亲朋好友及那些向我求助的人士，都有了更新的认识。

在今年4月份，我6岁的女儿报考参加一个市青少年跆拳道精英争霸赛，在比赛前几周我需要带她参加集训。记得在集训的第一天，我就隔着玻璃，看到最幼小的女儿边哭边与几位大哥哥姐姐一起相互练习。在课间休息时，她哭着跑到我的身旁，那时候虽然我很心疼她，但我内心倍感欣慰，我相信"我的女儿是优秀的"。于是我运用教练思维与我女儿进行简短对话，她心情平复下来并擦干了眼泪，带着自信的状态继续走进练习室。自那以后，她再也没有哭过，再难的练习任务目标她都努力完成了。最终，她在那次比赛中获得女子组第一名，女儿太棒了。

在我的生活与工作中，我会接触到不少向我求助的人士，有的是想学习亲子教育的父母，有的比我个人自卑程度更深且患有抑郁症，有的因母亲病逝后而遭父亲严重冷落等。其中印象很深刻的一位与自己家人的关系不好，特别是与自己的母亲，甚至到了厌恶的地步。他离家出走多年，后来经他的家人向我求助而联系上他。经过多次的连接，我发现他真的不是一位容易相处的人。但当我始终带着“每个人都是优秀的”的思维与他建立连接时，他也慢慢地意识到我是实实在在地真心想帮助他，于是开始向我打开心门，放下所有的戒心与我相连接。他向我袒露自己的许多心声，他自认为活在世上没什么用，一度想轻生。现在的他已大有改观，懂得主动关心人，与家人的关系缓和并恢复联络。

## 03 拥抱最好的自己

自中学毕业后，我开始意识到自己对过去所发生的事件很在意，说好听一些是自己有念旧情怀。但很多时候，我是边怀念过去，边为当初为何没有做更好的决定而有悔意。我想人类最大的无能之一就是无法留住或超越时光的流逝，过去的已然发生，人再也无法改变。接受当下所做的选择是最好的选择，对于容易沉醉过去，喜欢在发呆中消磨内耗自己而忽略当下的我来说，是十分重要的。而这种教练思维在我遭遇人生最为艰难的时光里，给了我极大的鼓舞与安慰。

2023年9月中旬，71岁的父亲因发现自己出现吞咽困难的症状，之后在老家本市的中心医院做胃镜检查，结果被诊断为食管恶性肿瘤。接着到10月初，我没有跟本市的医师打招呼，就直接把他送到一线城市的肿瘤专科医院接受治疗。从得到诊断结果之后的一个月左右的时间里，我似乎始终无法全然接受或非常积极面对这个事实。在这个过程中，我不断去想如果当初能每年带他做一次全身的检查多好，就算发现有疾病也可以争取更多的治疗时间或提高治愈的概率；如果之前能耐心且用心地劝说爸爸改变一些生活饮食习惯多好；如果让他留在原本市医院进一步治疗会不会更好……

现在回想，我父亲正式接受治疗时期恰好也是我在教练特训营开始学习的时候。那段时间，我需要往返医院照料我父亲，需要完成教练营期的学习，我还需要兼顾好个人的家庭生活和工作，这对我来说是一个极大的挑战。然而，在学习过程中，我从教练特训营学习到的实用知识，使我的思维不断被更新，我从中获得很多内在生命的力量。从我父亲被确诊再到后来选择接受放疗，包括半年后在大城市善终等种种重大的选择，我都能安然接受并相信我和家人所做出的选择都是我们当下做的最好选择，也是上天对我们各自人生所做的最好安排。

曾经自卑内耗的我很容易就能说出“我不想要什么”“我不喜欢什么”等，但很少能清楚地表达出“我想要什么”“我热爱什么”“我的目标是什么”等。教练的使命是聆听生命的召唤，成人达己，爱人如己。我庆幸自己当初选择参加持续两个月的教练特训营学习，由此打开了属于我的教练世界的大门。成为更好的教练成了我往后余生努力前行的目标。忘记过去的成功或失败，在当下努力，拥抱最好的自己。电视剧《我的阿勒泰》里饰演张凤侠的马伊莉在接受CCTV专访时说：“这个世界上有很多女性没有走出困境，或者说她们还在困境里，或者说她们在角落里像尘土一般地生活，我觉得她们也是值得我们去看见的。”其实在现实生活中，无论是女性还是男性，无论身陷何种的人生困境，他/她们都是优秀的，都值得被看见，被温暖。只要他/她们愿意，就都可以拥抱到最好的自己。

因为淋过雨，所以特想为你撑伞。如果你正面对人生的某些疑虑或挣扎，渴望自己看见更多，那么欢迎你来连接我。我相信你是OK的，你也会和我一样能拥抱最好的自己。

# Jannet

## 从低谷到高峰：试试女士的“火山爆发”之旅

**Jannet**

“一行”一星教练，优势 + 行动力教练

资深初高中化学老师，帮助 160+ 青少年实现理想

希望每个孩子都能获得超强学习力和强大内心

## 01 火山爆发前的寂静

在青春的篇章中，我和妹妹之间有着些许疏离和误解，5年的年龄差距让我们在求学的道路上各自为战，错过了许多相处的时光。于是孩提时代的相爱相杀，像是成长的烙印，刻画出我们并不那么同步的步伐。

然而内心深处对亲情的渴望，悄悄地引领我回到“温馨”的港湾。大学毕业后，我带着与家人共同生活的渴望，回老家找了一份工作，憧憬有更多增进感情的契机，去弥补那些错过的时光。

但现实往往比理想复杂，生活的琐碎和消费观的差异，像是一层不易察觉的砂纸，轻轻摩擦着我们努力维系的和谐。出于对妹妹财务安全的考虑，我尝试调整家庭支出，未曾想这一举动却阴差阳错地触发了她卖掉游戏账号的决定，也无意中让她陷入网络诈骗的陷阱。当时我急切地分享过去的教训，试图拉妹妹远离这场金钱的漩涡，但遗憾的是，无论我多么努力，她依旧选择相信那个虚拟世界里的陌生人，而非我。3小时的争执，姐妹的拉扯，局促不安的泪水，最终以亲人心力交瘁和诈骗者的得逞收场。我感到失落，不只是因为金钱的损失，更是被误解的痛楚。为什么她会不相信我呢?

我站在7楼的窗前，凝视着黑暗的深渊，心中充满了迷茫与挣扎。我开始质疑自己的努力与付出，似乎一切都成了泡影，这一切真的必要吗？值得吗？如果总是这样，我为什么要委屈自己去付出呢？为自己而活不行吗?

在最深的绝望中，我忽然想起刚刚结束的教练对话，那个有关自我关爱和生命意义的议题。我突然意识到当下自己的压力和对工作的无力感，很大程度上源于自我关怀的缺失，我需要将自己从工具人的角色中解放出来，开始一段真正属于自己的人生旅程，天地之大，先爱自己，再爱其他。

凡所经历，必为加持。虽然失去了部分积蓄，但这次危机也像一盏启明的灯，启发了我对自我价值探索的冲动，提醒我开始学习如何真正地爱自己，不再让自己在关系中受委屈。

## 02 教练对话，重新点燃希望的火种

一个偶然机会，我加入了教练对话训练营，这一决定也成为我

人生中的重要转折点。想到上次教练的智慧让我从情绪的泥沼中脱身，我便开始期待并投入第7期教练训练营。经历学习期间的百般磨炼后，我终于在小伙伴的帮助下成功毕业。感觉刚刚摸到探索自我的边界，在做和不做的边缘疯狂试探，行动力时有时无，所以学习完成了，我感觉有点遗憾。曾经的我对教练职业没有明确规划。

大概是内心里的潜意识向宇宙下了订单，看到了一个想要进步的年轻人，在俱乐部群里，我注意到一位专业教练，她的存在激发了我的好奇心，她教我观察自己，于是我开始了一段名为“自我探索”的对话之旅。随着时间的推移，在不断的自我觉察中，我明显感受到自己在不断迭代，能量也在逐渐积累。

2023年7月，我作出一个大胆的决定：挑战个人最高记录，单月上课小时数冲刺至500小时，也就是连续日均工作16小时以上。这是我前所未有的尝试，以前我从不敢想象自己能在如此短的时间内完成如此巨大的工作量。然而这一次，我迫不及待地想要接受这个挑战，我想看看我的上限在哪里。

在实现目标的过程中，我遇到了很多困难，但我的内心却没有抵触的感觉，反而非常期待。明明会犯困，而我却像用不完能量的小太阳，热情洋溢地完成着自己的工作。我发现我真的很喜欢和学生相处的每一个小时，当我从那一双双热爱学习的眸子里看到我自己的时候，困意荡然无存。我们一来一往，谈论着神奇的化学，学习里面的奇妙变化，在化学的世界里畅游。我意识到，在长期的自我探索过程中，我培养了自己解决问题的能力，这对我而言就是一种巨大的突破。

7月过去后，我开始放缓节奏，开始思考为什么我会有这样的突破，为什么能够取得这样的成就。有种模糊的感觉，这背后一定隐藏着强大的能量和动力，这种能量和动力正是来自我内心深处的渴望和决心，我认为这是因为我渴望成功，所以我更接近成功。

细细复盘之后，我发现是教练技术帮助我走出了低谷，教会了我如何面对困难并克服它们，我变得更加自信、坚定和充满活力。我不仅实现了自我突破，还发现了自己的潜力和价值。我感觉自己仿佛开启了全新的生活，如梦如幻，却实实在在发生了。

## 03 在纷繁复杂的世界中，拥抱内在力量

在2023年那个暑假，我踏上了教练技术的学习之旅，报名参加了“一行”的二模培训。随着学习深入，我开始真正懂得什么是教练技术，理解越来越清晰。在同伴们的互相练习中，我找到了自我

价值的循环体系，它点燃了我前进的动力，让我更勇敢地去实现个人价值。

盖洛普大数据给了我关键词，教练技术则为我指明了清晰的探索路径。在11月1日至11月7日的短短一周内，我与6位教练对象做了8场教练对话，督导3场，这让我发生了质的改变。我学会了坦荡地走在路上，享受风、阳光和空气中的自由，自信、松弛自然流露出来。

我不再是那个沟通困难、畏畏缩缩的人，我开始主动发挥我的沟通能力，与许多人建立了联系。我打破了过往限制束缚自我的执念，不再认为自己胆小、无法与人交流，我昂首挺胸，不再过度在意别人对我的看法。

自己最大的蜕变发生在独立开展续费家长会的时候，我独立坐在桌子的一侧，逻辑清晰地展示自己的教学规划和安排，面对面地与家长进行沟通调整，那种自信和思维条理清晰的状态是我从未有过的，所有同事十分惊讶于我的自信和从容。我连续完成了几个独立的大单，也不再害怕一个人过马路去吃饭，哪怕是发现最喜欢的裤子上破了个洞，我也不再感到羞愧和窘迫。

我开始大胆地打开自己内心，奔赴陌生的城市去见熟悉的网友，与他们积极交流。在优势动力线下见面会时，我和良师益友在楼下的咖啡店畅谈数小时，和素未谋面的优势教练们坐在一起畅聊自我成长和开阔眼界的话题。我更加深刻地认识到，生活中的接纳和松弛感是多么重要，不打开自我，怎么会有事物进来。

在二模深度学习教练技术的时光里，我不仅对教练这个职业产生了浓厚的兴趣，还更加深度地了解了自己。我感受到当下自己的生命力正如火山般喷发，我的生命力正在前所未有地全面绽放。教练技术不仅帮我找到了自己的价值，还让我学会了如何帮助他人找到个人价值，这真是一段充满魔力和奇迹的旅程。

## 04 与其羡慕光里的人，不如让自己成为光

在自我探索之旅中，我从一个无情感的机器人，变成一个有温度的木偶人，然后剪断了束缚我的控制线，成为一个有意识的人。我长出了生命之叶，从干涸的小池塘变成广阔的湖泊，从一个渴望融入群岛的孤岛，变成了喷发着生命活力的火山。在最终的平静之后，我迎来了盘古开天辟地般新生命崛起，我感受到了真正的快乐和自豪。我看到了自己的坚强与自信，看到了自己在成长过程中的每一个变化。

在此感恩我遇到的优秀导师和朋友，特别是在探索人生可能和打造有人情味的个人IP过程中，我遇到了不少阻碍，是你们的支持和帮助让我攻坚克难，不断取得新突破。首先是看到了未来的无限可能和个人能力的巨大飞跃，其次是我和家人之间的关系发生了巨大转变，过往的问题得以解决。

特别感谢我的导师大王，最艰难的时刻是她用温暖的话语治愈了我，她告诉我：“内心阳光的人，又何必强求自己去经历风雨呢？快乐本身就是一种深度，这是许多人渴望但无法触及的风景。继续做好自己，就已经很好了。”我们不必过多地顾虑外界的风风雨雨，我们要做的就是坚持做好自己，保护好自己的能量，并对每一天充满爱意。也感谢设计师包包和大学生Au，他们让我相信自己的行为确实能够感染他人，支持他人成长。

正如“一行”所说的，“用生命影响生命，用行动启迪行动”，探索自我是为了让我更好地认识自己，更好地去连接他人，并借此助力更多人找到自己的人生使命、挖掘个人优势，从而去完成人生中的挑战。

感谢未来有你们的支持，让我们更好地抱持彼此，一起期待明天的到来。

# 腰哥

## 直击人心的对话：
## 用对话改变你的人生

**腰哥**

天赋解读教练

松弛商业教练

致力于教你松弛创业，活出幸福人生

我是腰哥，是“一行教练”平台的教练。最近，我刚刚辞职，开启了我的幸福创业之旅。

我意识到，让我跨出创业第一步的勇气，来自于我和自己以及一些伙伴的对话。这些对话，都直击人心，帮助我和伙伴看到人生的新的可能性。

在这里，我想为你分享其中的4个小故事。这4个故事中，有2个是自我对话的故事，另外2个是我和伙伴对话的故事。希望你能够通过这些故事，启发你看到人生中新的可能性。

## 01 一次自我对话，找到自己的终身事业

2023年年初，团队接了一个项目，但最终，这个项目并没有做成功。在项目结束之后，我做了一个复盘，发现这个项目没有做成的原因，是因为我当时只是定了业绩的目标，没有帮助IP想明白她想要什么结果。

在那一刻，我回想起樊登老师曾经讲解过《高绩效教练》这本

书。在这本书中，提到了教练式沟通，可以帮助对方找到自己想要的答案。那时候，正好看到暴暴在直播间中分享教练特训营，于是，我报名成为第10期的学员。

在学习课程的时候，有一节课中讲到了我们在做教练对话的时候，可以通过提问的方式，让对方想明白自己的使命是什么，实现这个使命的角色是什么样的，并且要达到什么样的愿景。在这个基础上，再帮助对方想明白接下来想要做什么，怎么做。这个知识点，让我感到醍醐灌顶。

正好，当时我有一个小小的困惑：我的书房中，有太多的书。我在纠结，我是先看个人品牌相关的专业类书，还是看国学类的书。为了让自己减少纠结，我和自己进行了一次对话。当时，我问我自己一个问题：你究竟想要成为一个什么样的人？我停下来，用心感受我自己的真实想法，那一刻，一个大胆的想法冒了出来：我想要成为像孔子、王阳明那样的圣人，我要将教育作为我的终身事业！

因为想明白了自己想要的身份，在这之后，我更坚定了自己在团队中的定位：只做交付。所以，即便团队在往发售操盘的方向倾斜，老板邀请我加入发售项目中，我也没有参与。

正是这次跟自己的对话，在我的内心种下了愿力的种子，让我坚定自己的选择。

## 02 一次深度对话，让她的助农梦照进现实

教练特训营毕业之后，我回到工作岗位。在参加11月份线下课的时候，看到有一位伙伴带上自己老家的茶，放在会场外的显眼位置，供大家自取。可我观察下来，很少有人走过去泡她带来的茶。即便有人泡了喝，也有不少人先洗茶，把第一泡的精华给倒了。

她看到之后，就在线下课的群里分享茶的一堆功效，教大家如何正确泡茶。但即便如此，依旧很少有人喝她的茶。

在她送我一罐茶之后，我怀着感恩的心，跟她开启了一段对话。

我问她，参加这次线下课的人，都是什么人群？她的这个茶，能解决这个人群的什么痛点需求？

她认真地思考后，说这个群体基本上都是IP和操盘手，以及想要成为操盘手的人。她想到，对于IP来说，嗓子是命根子，她的茶刚好能帮助IP保护嗓子。而且，她妹妹在知识付费圈子中学习了3年，有很多IP和操盘手的人脉圈，她正好可以做面向这个人群的护嗓茶。

那一刻，她仿佛看到了一束光，照亮了她助农的使命，于是，

她写下了“带领1000位乡亲每月增收2000元”的目标。

她回家后，立刻修改了茶的定位：面向IP，她主推护嗓的功能；面向知识付费圈子的同学们，她主推送礼，因为，给老师送护嗓茶，能够体现出他们的用心。

而且，她和妹妹参加线下课时，将原本的大包装，全部换成了独立小包装，为每一个参加线下课的同学，都准备一份伴手礼，让同学们在熬夜交流的时候，也能够保护好嗓子。

正是因为这样一次直击人心的对话，让她看到了未来的可能性，找到了她的终身事业。现在，她和妹妹已经走在助农的路上，相信她们一定能够达成自己的使命！

## 03 一次深度对话，让她明确自己的变现方式

12月的一天，我正好在交付训练营。当时，她找到我，问我能不能在训练营中给她一个机会，分享自己学习的收获。我觉得她的分享思路很好，便答应了。

通过她的分享，我了解到，她是国际教练联盟认证的ACC教

练，主要面向的用户人群是职场的中高管。她希望能够通过她的教练对话和辅导，帮助她的用户解决团队管理等问题。

在训练营结束之后，她尝试着用自己学到的技能，做了一次公开课，卖她的教练陪跑服务。在发售结束后，我跟她约了一次深度对话。

她说，在做公开课发售的时候，总感觉不舒服。发朋友圈的时候，觉得这不是自己喜欢的状态；一对一私聊的时候，前同事找到她，说："别再给我发这样的消息了。"甚至，连筹备组的伙伴也提出疑问，说："这样的形式，真的是对用户好吗？"

在她分享自己的感受时，我能感受到，她是有灵性的人。她看重的是人与人之间的连接。而这种批量式的发售，缺少的正是深度的连接。

当我和她分享了我的想法之后，她想明白了，最适合她的营销方式，是1对1的深度交流。因此，她决定，未来不再做直播获客，不再做大型批量发售，而是多跟身边人产生深度连接，通过给他们提供实实在在的支持，让变现自然发生。

在对话结束后，她给我写了一篇1000字的复盘。在复盘中，她说："在商业的场里，人间清醒、充满温情地激发生命的成长——这是我眼里的腰哥，如此珍贵。"我也想说，她的反馈，对我来说是最高级的认可。

很荣幸，我能通过一次对话，激发她的成长。

# 04 看到他人的愿力，陪伴它，守护它

2024年4月，我参加了一个线下闭门会。在这场闭门会中，有一个环节，要在一张图纸上写下自己面对的挑战。在那张图上，我看到的是一堆石块压在小草上，压得小草东倒西歪。

那一刻，我有一种窒息感，仿佛我看到了有一块大石头压在我身上，让我无法茁壮成长。而且，我也意识到，这块石头，其实就是我的主业工作。但是当时，我还没有足够的勇气辞职，所以，只能把我的挑战写下来。

到了第二天，在“荒岛求生”的环节，我作为“船长”，带领组员们写下自己的愿力，并且把组员们种下的愿力种子，放在阳光房模型中。我的任务，就是守护这些种子。

一开始，我还没有什么感触，直到老师引导我们写下自己收获的时候，我开始很认真地思考自己的收获到底是什么，但我才写了4个字，就写不下去了。因为我感受到，这并不是我自己真正的收获，于是，我用笔划掉了刚写下的4个字。

然后，我通过回顾整个流程，写下了第二句收获。然而，我感觉这依然不是自己的最真实的收获，我又划掉刚写下的收获。

时间不等人。老师开始邀请大家上台分享自己的收获了，但我的内心告诉我：静下来，先不用听别人分享什么，也不用动脑，你只需要用心感受你自己……

就在我用心感受的时候，我的心告诉我："要实现你的使命，你要看到他人的愿力，陪伴它，守护它，让它茁壮成长"。那一刻，我突然明白了，这就是我实现使命的方法！于是，轮到我分享收获的时候，我用左手捧着装有愿力种子的阳光房，右手拿着话筒，分享了我的收获。

在我表达出自己的真实收获后，我获得了做自己的勇气。于是，在我回家之后，我跟同事分享了我的真实想法。最终，我离开了和同事一起奋战3年多的团队。

现在，我终于可以做回我自己！

离开团队后，我重新梳理了我的核心能力。我意识到，我很擅长通过对话帮助对方看到他的愿力和优势。同时，我也发现，我非常擅长应用书本中的内容，帮助我解决工作和生活中的问题，甚至创造新的可能性。这些核心能力，正好能够帮助我实现我的使命。

未来，我将会用我的深度对话的能力，守护你的使命和愿力，同时也会教你通过用书的方式，帮助你创造出精彩的人生。

如果这是你想要的，欢迎你来和我连接。

# 林瑞Laura

**对话点亮人生**

## 林瑞Laura

国际教练联盟 PCC 专业教练

“一行”ACC 直通车课程导师

教练督导师

教练小时数 550+ 小时，督导时长 100+ 小时

我是一名国际教练联盟认证的PCC专业教练，现在居住在美国东海岸，是一名全职妈妈，同时也是一位终身成长主义者。因为照顾孩子，我选择暂别职场，但是对自己的探索和修炼从未停下。在接触并且学习教练的近4年时间里面，在奔50的年纪，我拥有了越来越多的勇气和内在的笃定。教练为我的生活和生命带来了许多的美好。

我是三年多前接触的教练对话，当时第一次的体验给了我很大的触动，面对陌生的教练，在一场不到1个小时的时间里面，对方帮我看到了我想要的是什么，这是我第一次感觉到教练的力量。我意识到，也许教练对话可以在当下给我更多支持。因为对个人成长的重视，我迅速在“一行”开启了教练技术的基础学习，并且陆续学完了完整的教练课程体系。然后在“一行”成为教研员、督导师，以及ACC课程的导师，并在2023年的12月份取得了国际教练联盟的专业教练PCC认证，让我成为一名专业的教练。回头看自己的这段成长之旅，我很感恩自己的丰厚的收获。

# 01 教练使亲子关系发生改变

我跟我先生结婚16年后才要的孩子，所以在养孩子方面比较紧张和焦虑，会在意孩子的每个细节，忍不住按“书”来养，也会上网看各种专家的养育方法，结果是看得越多，自己越纠结。

大家知道当家长感觉焦虑和紧张的时候，这种情绪压力也会影响孩子，孩子就会有各种反抗和叛逆行为，有很长一段时间我是迷茫和焦虑的，亲子关系也比较紧张。因为学了教练，尤其是我学习《教练型智慧父母》后，除了自己变得更加稳定和自信外，也学习了很多亲子互动的方法。

比如每天晚上睡觉前，我都会跟我的女儿聊天，聊她这一天的心情，分享她的快乐和困惑，这让我们的关系变得更加亲密、有弹性。比如，我的孩子从小成长在全中文环境，但是她在这边上学就进入了一个全英文的环境，对孩子来说，这是非常有挑战的。晚上女儿就会跟我分享她的一些担心和问题，而我就更加了解她所处的环境是怎样的，她在一个新环境中是如何努力适应和生存的。之前，我可能总是站在家长的位置来指导和要求她，而当我们每晚聊天的时候，我反而更把她当成一个独立的个体，一个有自己想法的独立个体。现在我的孩子变得更自信了，英文能力也提升了，拥有了很多自己的朋友。她现在很喜欢上学，也乐于跟朋友和老师沟通，她说非常喜欢自己的学校。现在想想，为什么我的孩子会有这个变化？这是因为我选择相信她，相信孩子有能力和力量面对自己的事情。当然，在她需要我帮助的时候，我也会做好陪伴和引导。

我还有一个变化，就是不再跟风跑了。原来看别人报这个辅导班，报那个课外班，我的眼光会放在外面，盯着外界的动作，现在的我就更加稳定了。因为不断通过教练对话的自我探索，我看到自己在教育孩子方面的愿景。我希望我的孩子健康快乐就好，不需要成为第一名，不需要成为世俗意义上的“成功者”，我希望她能够有自己的爱好，勇敢做自己。而对我自己的期许，变成了我希望成为一名园丁式而不是木匠式的妈妈。

还有一个故事，在我们居住的社区里，有个公共的适用于孩子的健身器材区。我的女儿年龄稍小一些的时候，每个器材都不敢尝试，不论我怎么引导、鼓励。我当时是非常焦虑和着急的，因为我看到跟我女儿差不多年龄的孩子，他们都玩得特别好，也都很勇敢。

其实这个时候对家长的考验就来了：你真的能在这种时刻抱持教练的原则吗？这个时候，你真的相信孩子跟其他普通孩子一样吗？理想跟现实是有差距的，那一刻我接受我的孩子还没准备好，选择尊重孩子的节奏。一年后的某天，我们又来到健身区玩耍，我女儿开始一个器材一个器材主动地尝试，玩得不亦乐乎。我也感慨：每个孩子的花期真的是不同的，作为家长要学会尊重孩子的节奏，保持耐心，而不是一味地按照家长的意图去做，要相信孩子的潜力。

## 02 我和先生以及自己的改变

关于成长的改变，就要谈到我跟我先生的关系了。之前我在关系里，是非常想去改造对方的，想把对方改成我喜欢的样子，中间会伴随一些争吵。当我向内成长，在教练对话中不断换各种角度来看待我们的关系时，我理解到对方的正向意图，慢慢地从内心尊重和接纳我的另一半，欣赏他现在的样子。包括边界的建立，现在我们既可以一起为家庭目标共同奋斗，又可以互相支持对方做的事。我先生也给我反馈，说现在的我放松了许多，松弛了许多，原来我是一个对目标很执着，很看重的人。

最后回归到我个人的变化，有孩子之前我在职场上是很有成就感的，后来因为有了孩子选择暂时离开职场，说实话，做这样的选择我有很强的牺牲感。当时质疑过自己是不是选错了，所以我一直有个想法是：我要尽快重返职场。

现在当然没有这种想法了，这大概也跟我的个人成长是密不可分的。我发现，学教练是先自己支持自己，把自己跟自己的关系处理好了，工作和各种关系都会理顺。其实所有的外部发生的事情，都会回归到自己身上，自己才是问题的答案。只不过很多人不知道什么对自己最重要，陪伴孩子重要，自我的成长也很重要。

如果自己内在稳定了，在所有的关系处理中，就会更加中立，可以抽离出来看自己所经历的事情，不论是作为妈妈还是作为妻子。当自己不再被情绪裹挟，不再被外界的声音所影响，生活反而变得更加简单和清晰了。我想说的是，所有的话题，最后会回归到跟自己的关系，这一点我感受非常深。

## 03 我和我的客户们

作为教练，自己稳定的能量是非常重要，只有当自己的内在是稳定乃至恒定的，更多地活出教练状态，才能更好地支持到客户。

比尔·盖茨说："人人都需要一名教练。"我越来越感知到这句话的力量，回看自己的这些客户们，无论是身居公司要职的职场精英，还是背负压力的创业者；无论是投资领域的优秀人物，还是想要获得平衡的全职妈妈；无论是婚姻中遇到挑战的夫妻，还是在不断寻觅适合自己伴侣的朋友；无论是职场晋升遇到天花板，还是职场上获得提升之后的心力不足；无论是渴望改变停滞不前，还是已经上路不停怀疑……可以说，每一个人带着探索和改变的渴望，通过教练对话都收获了自我不断突破，内在持续更新。当成长的自己去面对曾经的各种阻抗的时候，大家都会发现自己拥有了新的思维，并且通过日常的不断实践、调整、执行，从而支持到生活和工作的方方面面。

我有一个心理咨询师背景的长期客户，最初我们通过正式对话前近一个小时的交流，对方了解到我是可以支持到ta的，我也带着信任开启了我们的对话。这条陪伴的路不是一帆风顺的，客户的想法会出现反复，时常自我怀疑，甚至我们还一度暂时中止每个月固定的教练对话。在客户做了短暂的调整之后，我们依然保持固定的教练对话频率，ta一直在朝着当初设定的目标上前行，我很开心。虽然最终的目标达成还需要最后的结果进行证明，但是我知道这次ta的生命真的是在改变而且是朝着自己最渴望的方向改变。在这段陪伴的过程中，我感受到了接纳、允许和坚持的意义对一个人生命的改变，深深受到感动和震撼。

学习教练技术，有了教练思维的支持，就好像人的内在有了定海神针，无论面对什么样的变化，始终会带着内在的那份笃定把人生的船朝着那个最想要到达的方向行驶，活出各自生命的意义。

回想起自己走向专业教练的这条路上，感恩我的那些客户们，大家都带着一份想要不停探索自我的渴望以及很大的信任来到我的面前。我很开心自己能够在ta们生命中的重要阶段出现，在ta们人生的旅途中做好陪伴，分享着ta们破茧重生的喜悦。

如果你也想要体验影响生命的教练对话，欢迎链接我。

# 赵静

**教练，唤醒你**

**成为自己的“救世主”**

## 赵静

考公、遴选一次上岸，终身学习践行者

成长赋能教练，公众号“赋能小站”主理人

助你掌控自我，成为行动上的巨人

因为淋过雨，所以愿意为你撑伞。如果你有困扰，想努力寻求认同，却活得小心翼翼；常觉目标模糊不定，生活平淡无光；受人际关系纷扰，内心焦虑不安；情绪如浪翻涌，内心压抑难言，那可以看看我的故事，因为我也曾经历过。

## 01 雨中独行：心灵的挣扎

世俗层面上，我算是长辈喜欢的那类人。在体制内工作，稳定且体面；30岁前结婚生子，家庭幸福美满，老公对我照顾有加；家中不算富裕，但也衣食无忧。实际中的我，内向敏感，不善言辞，胆小懦弱，不敢拒绝他人，处理不好人际关系，常常感觉孤独和迷茫。

我的坐标是西藏拉萨，因为环境影响，娱乐活动会相对匮乏一些，周围很多人工作几年后，就开启了打麻将、追剧、喝酒的生活状态。而喜欢看书学习的我，似乎与他们格格不入。

我经过不懈努力考入新单位，对未来，心中满是激动和期待。作为一名职场老兵，我本以为自己可以轻松应对新的工作环境，但现实却给了我一个沉重的打击。新岗位是服务性质，需要随叫随到，日常工作琐碎且繁忙。我精神高度紧张，压力巨大，每一天都像是扛着沙包和时间赛跑。

我是一个自卑的胖子，我的体重一度成为我心头重担。巨大的压力使我陷入无尽的暴饮暴食中而无法自拔。每当看到镜子中日益臃肿的身体，我就更加自卑，更加害怕接触外界，总觉得自己不配拥有美好的事物。我不愿意与人交流，经常无故发火，情绪失控，内心的苦闷无处倾诉，只能默默承受。我渴望改变，但却不知从何下手。

我努力做一个乖巧懂事、听话照做的人，尽量将自己塑造成更符合长辈期待的样子——善良大方、踏实认真。我努力迎合他人，来者不拒，活得小心翼翼。但即使如此，我依然感到焦虑，生怕哪句话说错，就会引来他人的不悦，还要拼命想着如何弥补。

我还有点完美主义情结，总想着面面俱到，把力所能及的事情都做好，所以活得特别纠结和拧巴，精神内耗严重，使自己和周围的人都感觉很累。

这些都像大山一样压在我身上，不堪重负。我知道自己生病了，不仅是身体上，还有心理上。我不断调整，尝试适应新环境的节奏和要求，但情绪仍像过山车一样起伏不定。那时候的我，本想靠饮食、熬夜、追剧、打游戏来缓解压力，结果生病、变胖，精力更差了，还喜怒无常。我深陷在这个循环中，无法摆脱。

当我发现自己解决不了这些问题时，也尝试着向外求助，但大多数情况下，他人无法感同身受，提出的解决方案并不适合我。就这样一次次被打击后，我变得畏缩，不敢轻易再去尝试。

身体是情绪的容器，情绪是身体的反馈。我浑浑噩噩地活着，才在新岗位上工作两个月，我就因为作息不规律经常熬夜、情绪压抑不稳定、间断性暴饮暴食等状况生病了，需要长期调理，现在的我仍在坚持吃药。

## 02 雨中相遇：蜕变的开始

什么拯救了我，我就用它拯救世界。这句话让我放下一切顾虑，选择勇敢站出来，诉说我不愿意揭开的伤疤和蜕变的故事。教练拯救了我，我想用教练的方式去拯救想改变的人。

2023年是我人生的重大转折点，这一年我职位晋升，体重增长

20多斤，做了4次手术。这一年我暴躁激动，觉得周围所有人都欠我似的。这一年我精神状态极差，每天过得像梦游一样。

我不想经常处在工作压力的紧张感中，也不想陷在焦虑急躁的情绪中，更不想过这样的人生，但具体怎么做我不知道。那句“我学过很多东西，但依然没能过好这一生”就成了我的真实写照。

“知识在用的情况下才有用”，所以我一直努力找方法，想去调整自己、改变现状。学习教练，就是在这个契机之下开始的。

我接触到教练这个词，是在“一行”平台上，因为好奇听了暴暴老师的直播，当场就感觉被赋能了，特别激动，立即报名学习。从此，我找到打开内心世界大门的神奇钥匙。

学习教练的这段旅程，是我度过的最惊喜、收获最多的旅程，也开启了我关注自身、自我链接、找寻自我的旅程。

我全面深入地了解到了教练技术，它所蕴含的价值观一下子打动了我：相信每个人都是优秀的，每个人都拥有成功所需要的资源，每个人做出的都是当下最好的选择，每个行为背后都有正向的意图，改变是必然发生的。这种全然敞开、接纳的心，这种全然包容、信任的心，正是我想要的。

学习教练，成为教练，是多棒的事情啊！

## 03 雨中共行：内心的成长

教练营中的小伙伴都很优秀，成就满满，而我没什么成绩可言，还经常担心自己学不完，做不好，心里一直在打退堂鼓，有各种各样杂念。别的小伙伴已经开始约对话了，我还没有学完课程，心里特别着急、焦虑。我以此为议题开始对话，很快找回了自己学习教练的初心和目标，一下子就放松下来，平稳了学习心态，不再受其他外界因素影响。

进行了几场对话后，我发现只要按照流程走，就能通过教练对话帮助到教练对象。每一次对话都有意义。作为教练对象，我能解决自己的困惑和问题，作为教练，我能觉察到更多细节。不论处于哪个位置，都有收获。

学到的只是知识，用出来才是技能。

教练，是一门学了当下就有收获，立刻可用的技能。找原因、找卡点、找方法、找内在动力，只要有困惑，我第一个想法是来场对话，进行深层次地探索和梳理。做计划时，通过梳理愿景、身份、价值观、能力、行为、环境6个逻辑层次，上3层找内在动力，下3层助行动落地。我用非评判的心态去面对一切，只感受不过多解读。我会注意听事实、感受和意图，了解对方的需求和期望，提供更有针对性的支持和帮助。

## 04 雨中暖心：收获与转变

情绪管理能力有了提升。工作时，我常有抵触和消极情绪，导致工作效率低，工作时间被拉长。每当有临时任务加入，我会变得烦躁不安，甚至无法继续工作。学教练后，我明白要先处理心情，再处理事情。用教练方式，我反复梳理工作，找到有价值的核心任务先做。或让自己先放松，等情绪平稳，再回头做事学习。这极大地提高了我的工作效率，也让我能够忙中有序地做事。

深入了解自己的需求。通过写觉察日记，我探寻事件背后的需求。这种方式使我对自己的内心需求有了更清晰的认识，也使我能够更好地管理自己的情绪。当我遇到情绪崩溃的事件时，我会翻出那篇觉察日记，看看当时内心需求到底是什么。经过多次回看，我减轻了自责、懊恼、难过的情绪负担，也找到了应对类似情况的办法，我变得更加从容自信。

学会疏导情绪和压力。我总会不自主地压抑自己的情绪和压力，这让我变得“易燃易爆”，一点小事就能和周围的人吵起来。学教练后，我与内心链接，小心翼翼地面对怯懦和假装不在意的自己，去触摸那个被深藏且未曾被认真对待的自己。尊重过去，才会拥有未来。我开始尊重并接纳自己的情绪和压力，不再试图去压抑它们。相反，我会通过积极的方式来疏导它们，如观看心理学视频、听正念音乐、写觉察日记等。这些方法让我能够更好地管理自己的情绪和压力，也让我更加健康地生活。

拥有清晰的目标感。通过多次对话，我发现自己很多问题、负面情绪的产生都来源于工作压力。我学着放平心态，按照自己的节奏来调整。我学着勇敢面对，与自己和解。当对自己内在需求有更全面认识时，我活得更有方向感和目标感，也找到自己的人生意义和价值所在。

现在的我，就算不知道该怎么办，也没有那么害怕了，不知道就不知道，不会一直如临大敌般，小心谨慎地生活，况且我们人生中也不会一直处于如临大敌般的紧张状态。

有了坚定做自己的勇气。之前我常常受到外界的影响和干扰，人云亦云。学教练后，我逐渐找到了自己的内在力量，并学会了如何坚定地做自己。开始接纳并尊重自己的真实感受和需求，不再为了迎合他人而委屈自己。遇到挑战和困难时，我会勇敢地面对它们，并找到解决问题的方法，变得更加独立和自主。

相信改变是必然发生的。我坚信并践行教练五大原则。相信所有人都是优秀的，每个行为背后都有正向意图。我坚信自己会改变，也坚信自己能顺着时间线去努力，最终走到那个想到达的地方，与那时候的自己拥抱，然后再坚定的继续前行。

## 05 雨过天晴：坚定前行

大道独行，唯有自渡。

我认同《遥远的救世主》这本书中所表达的："世上没有救世主，只有自己才能救自己。"这个观念和教练蕴含的意义在某些角度有所重合。

人最了解的是自己，每个人都是本自具足的，自己的路只有自己能走。

教练，就是我找到的一种自渡方式。它能带给我深层次的觉察，能帮我唤醒内心的“救世主”，最终见自己、见他人、见天地。

我希望能用教练技能，为自己和他人赋能，卸掉思想包袱，轻装上阵。也希望用这种方式帮助你，为你撑起一把能遮风挡雨的“伞”。让你有勇气，有计划地行动，去改变，去变成更好的自己。

感谢曾经的那个我对自己的接纳和包容，一直没放弃，让我成为自己的“救世主”，找到自己的“蜕变之路”，重新出发。

未来，做真实的自己，知行合一，静待花开！

未来，精进教练技能，点亮自己，照亮他人！

未来，与你携手同行，成人达己，成事修心！

愿我们一起活出平和、笃定、自在、丰盛的人生！

# Lucky

## 教练对话，让我遇见更好的自己

**Lucky**

“一行”一星教练

教练式育儿 5 年

父母教练

高级家庭教育指导师

我的女儿现在5岁，因为周围大环境以及家长们的焦虑，对于女儿的教育问题，我也陷入了纠结与焦虑。我害怕自己辅导孩子时一地鸡毛，也怕自己没有足够的能力激发孩子的潜力和内驱力。我更希望在她成长的路上，有我一路相伴。期待她青春期时，我们还可以像朋友一样坐下来敞开心扉。

我很强烈地感受到我在教育这条路上形单影只，我需要众人的推力。同时我也感受到我一方面急需提升自己的认知水平，一方面急需解决我育儿中的卡点。恰逢今年第10期教练营招募，我非常坚定地报了名，终于开启了正式的教练对话技术学习。当我学习了教练对话技术，我不仅实现了蜕变，也让我帮助了更多的人。

## 01 教练式育儿，助力亲子关系

通过践行教练心态和教练思维，我初步实现了教练对话技术的生活化。

在系统学习教练对话技术后，生活中面对女儿时，我的心态有了更多的改变：不再刻意将女儿和别的孩子比较，而是从她自身的特点和潜能出发，因材施教。因为有教练对话技术的底层逻辑，让我更加相信她能发挥个人潜力，相信唤醒她的内驱力会帮助她找到更适合自己学习的方法。

第一次跟孩子尝试教练式沟通，效果就让我很震惊。

当时是暑假，她之前报的三个兴趣班都快结束了，老师希望她能继续学，但她不想再继续了。面对她的“不想继续学”，我其实是有点不知所措的，因为不知道孩子真正的需求是什么，又担心硬让她学会让她心里产生抵触。

所以我就想试着，用学到的教练方法和她来一次对话，想看一下她内心真实的需求。一个周日的早上，我根据暴暴在课程里教的教练流程和工具，把孩子当作我的客户，就“选择什么兴趣班”和她开展了一场对话，全程我没有给她建议，也没有提要求。在探索议题时，她问了几个问题：“我不想上也必须上吗？老师叫我加课我不想加，是不是必须上兴趣班？”在探寻未来中，我用到了她最喜欢的魔法棒。“假如你有一根魔法棒，当你挥动魔法棒，就可以让你成为最想成为的那个人，那会是谁？”“可以变成小鸟，成为会飞的人！”“那你觉得怎么样才能变出会飞的小鸟呢？”“我可以通过编程做一个会飞的小鸟，我想参加乐高的编程大赛！”当她说出这句话时，我感受到她能量的变化，她的眼里有光。“那除了这个还有什么你想做的呢？”“想学习武术保护自己，保护妈妈！还有想继续画画。”“为什么画画对你来说这么重要？”“因为画画也是一种表达的方式，它能让我很自由地和自己说话。我还可以画完订成书，讲故事！”她表达的时候，一直是喜悦的，开心的。我继续问：“为了能够实现你所说的可以飞的小鸟，保护自己，做书讲故事，你接下来准备想报什么兴趣班？”“那就很清楚了，编程、画画、武术，但是有点多。”“那你最想报的是什么？”“先选择画画和武术吧，编程等我大点再学。”在这样的对话中，她自己做出了报哪个兴趣班的决定。“你对于坚持学习画画和武术的信心指数是多少呢？”“10分！”她坚定地回答道。对话完之后，我问在这次对话中，她的收获是什么？我以为她不知怎么表达，谁知她清楚地说道：“这次对话，我明白了我以后想要做什么，让我不再困惑，让我感受到了力量。”当时我听到她说这个话时，我真的挺震惊的。我惊叹于对话的魅力，让5岁的孩子也可以有更独立的思考，有如此深的体会，并且她爱上了跟我对话的感觉。对话完她心满意足的表情让我感觉很欣慰。而且由于是自主选择，所以现在她每次上武术和画画课的前一天都会主动提醒我。

经过学习教练对话技术，我现在能给予女儿足够的信任和自由，在面对问题时，她真的就能找到自己的节奏和方法，达成自己的目标。我们不仅一起对话，还一起做止念，一起修心。母女俩正念完的沟通，让我们对彼此有了更多的看见。我起初的焦虑烟消云散，因为教练对话技术让我学会了全然地接受孩子，给予她无分别的爱。看到女儿通过教练对话后更有自信，思想内核更稳固，我也更加坚定地把父母教练对话作为自己的人生使命。

## 02 教练式思维，让妈妈们一起成长

教练对话让我和闺蜜的友情更加牢不可破。在我成长的路上，一直有我的闺蜜陪伴，18年来我们一起从懵懂的女孩成长为人妻和人母。她在与处于青春期的大女儿进行沟通中，遇到了问题，于是找到我希望通过教练对话，就“如何更好地倾听孩子”一起探寻方法。当我问到“更好地倾听孩子对你来说为什么这么重要”时，她思考了良久，她说：“一直以来都没有很好地倾听孩子，导致孩子不愿意过多地和我沟通，现在感觉能够更好地倾听孩子，这代表了对孩子的尊重，她需要被听见，被看见。”“当你真的做到能够认真地倾听孩子，那时的你和孩子的相处会是怎样的场景?”她说：“那一定是很和谐的，相谈甚欢，她愿意说我愿意听，并且做出积极的回应。我想她会和我更多地表达她内心的情绪，无论是什么样的情绪，我都能感受到我们的关系更加紧密，彼此相爱。”说完这句话，我感受到她能量的变化，就顺势问道：“说完这些，你感受到了什么?”“我感受到内心有了力量，感受到和孩子的心更近了。”上周和她会面，看到她和女儿的相处，真的就做到了倾听和放手。这背后是她对女儿的信任与全然的爱。因为相信，所以妈妈和女儿的内心

都更有力量。感恩教练式思维，让作为妈妈的我们一起成长。

## 03 教练式对话，助力学生成长

教练对话帮助学生找到发展方向。作为高校教师，我希望每个孩子在学校里都能够学好专业知识，找到自己的人生方向。但是学生在面临选择时，其实还是需要有更深入支持的。所以我也会用教练对话的方式，帮助我的学生，更加清楚自己内心的真正渴求，并且规划行动。比如，我有一个学生很优秀，参加了很多大赛，也有好的就业单位要他，但他原计划要继续在校内进修，所以他想约我聊一聊发展方向方面的问题。我好奇地问他："你最期待你未来的生活是怎样的呢?""我希望能够有更夯实的专业基础，在一家优质的技术公司有自己的成长，最好有个好师傅带我，让我能快速成长，独当一面。""那你觉得要实现这样的生活，第一步要做的是什么呢?"他说："应该还是要有更夯实的专业基础。""那你觉得怎样会有更专业的基础呢?""我觉得应该还是要继续学习，最好还是在学校，因为工作的话可能就没有太多的自由时间去学习了。对，这样一说我还是要继续学习，以后会有更好的平台和工作。"就这样几个问题，让他豁然开朗，因为强有力的提问，让他链接到自己内心深处，还是想要继续向上，想要站到更高远的位置规划自己的未来，所以还是决定继续进修。

现在他去了想考的学校，由于他参加过很多大赛，专业技能特别优秀，所以在学校里非常受老师重视。后来他专门给我发微信，告诉我，他很感谢那次我跟他的教练对话，让他坚定了自己的信念，看清了自己的心。我看到他的微信时，内心有一阵暖流经过，觉得这个孩子真的很用心，他还记得我小小的帮助。

以上就是我的教练故事，让我自己成长，让孩子成长，让我走上了成人达己之路，让我能切实帮助到需要帮助的人，对教练我只想说：感恩遇见。一次次对话，让我更加体会到教练对话的魅力，也更加坚定了我持续精进教练技术的信心并增强了动力。

## 04 照见即改变，教练即疗愈

也许听了我的故事，你会问什么时候需要教练呢？我会说在遇见任何事情，由于任何原因，当你的自我感觉不佳时，都可以找教练聊一聊。他值得信赖，不会直接给你建议而是先耐心倾听。他就是你的镜子让你照见自己，他会引导你对自己好奇，从而让你了解自己的内心，让你对自己的认知更加清晰。

照见就会改变，清晰就是力量，教练就是疗愈。有了这面镜子，我们会更加勇敢地看着镜子里的自己，即使满目疮痍，也会耐心地欣赏自己，疗愈自己，更爱自己。

因为教练对话中，我们已经体验了自己的美好时刻，当我们再看镜子里的自己时，我们已经有了重新上路、整装出发的勇气。对话后的我们，就是我们给自己最好的礼物。最后会发现，其实，教练就是让我们更爱自己。

希望我能沉浸在教练的世界里，继续好好爱自己。如果你也想要好好地爱自己，爱自己的孩子，请记得我会在这里等你，做你的镜子，让你照见自己。

独行快，众行远！希望有更多同频的伙伴与我一起共同学习教练，永葆初心，教练人生，遇见更好的自己！

# 夏雨

**你只管风雨兼程，**

**阳光自然会出现**

## 夏雨

“一行”认证一星教练＆督导师

亲子成长教练

教练式育儿践行者

教练对话时长 110 多小时，

已支持 50 多位线上伙伴成长

在学习教练之前，我一直在寻找育儿和工作之间的平衡。由于丈夫工作繁忙，育儿重任落在了我一人肩上。尽管疲惫，我仍想给孩子更多。

在全职妈妈的生涯中，我时常感觉疲惫，甚至有时会把负面情绪发泄在孩子身上。我意识到不能这样下去，决定做些什么，而不是停在原地抱怨。

经过半年的努力，我获得了一份线上工作，本以为能兼顾育儿和工作，但随着时间的推移，我发现自己越来越力不从心，常常在陪孩子和工作之间拉扯，甚至熬夜工作，身体每况愈下。

我纠结了半年，最后选择放弃工作，回归家庭。在家的这段时间，我开始思考自己真正想要的是什么，我发现在自己生命中，家庭始终是排在第一位的。

于是，我读了大量的育儿书籍，尝试运用书中的方法，结果亲子关系有所改善。但书中的方法并不总是适用于实际情况，我开始寻找其他的方法。

## 01 我与教练如何结缘

机缘巧合下，我报名加入了K叔的进化圈，了解到K叔即将开设亲子情绪营，我毫不犹豫地报名了。

在亲子情绪营中，我首次体验了教练对话，感受到了全心倾听的力量，我意识到教练对话可以成为我育儿路上的绝佳利器。

同时，我阅读了育儿书籍，发现教练式沟通在育儿中的重要性。在亲子情绪营第三周时，我观看了K叔的直播，看到了教练营的学姐的分享，我心动了。虽然担心时间和精力，但我还是决定报名教练营。

报名后，我的顾虑消失了，我决心学好教练技术，用它来经营家庭，了解自己。这个选择，开启了我与教练的不解之缘，也开启了我全新的育儿之路。

## 02 教练对话给我带来什么

首先，从个人成长角度来说，我由自卑变得自信。

在教练特训营的开营班会上，看到伙伴们发出来的“闪闪发光”的自我介绍，我那时是有点自卑的，甚至不敢在群里发自我介绍。我记得当时因为这件事，还内耗了不少时间。而现在，我能比较从容地看待他人的优秀。因为我明白每个人都本自具足，我们每个人都是优秀的，每个人身上都有独属于自己的宝藏，他人的优秀能被我看见，说明我也在变得优秀。

之所以有这样的改变，是教练对话带来的，不管是往内探索，更好地认识自己，还是往外链接，通过对话给他人赋能，都有效地增加了我的自信。

首先，每当困扰来临时，我不再像以前那样，一个人钻牛角尖，独自烦闷，而是会想：我拿到了一个议题，又可以借助教练对话深入探索了。

其次，当我将教练技能真正运用在育儿日常中，帮助孩子探索内在的力量，亲子关系开始变得亲密和谐。

这是从在教练营期间就开始的。我记得那是教练营的第一周，因为有教练对话的实践作业，我鼓起勇气约了同组的伙伴第二天进行教练对话，那天晚上我感觉特别紧张，就在睡前邀请儿子进行了真正意义上的第一次教练对话。

在开始前，我提醒自己不要评判，不要建议，只是倾听。

儿子对晚上没有自由时间感到困惑，他喜欢用跳棋和扑克牌创造新玩法。我通过倾听和提问支持他去描绘想要的画面，他想象着高效完成作业后，能在晚上8到9点自由阅读或玩游戏，这让他感到非常愉悦。

我们探讨了实现目标的方法。儿子意识到需要合理安排时间，从早上开始，高效利用下午5到7点的时间。他提出要清空桌面，保持专注，并减少错误以提升效率。

我重复换方式提问，确保他能理解，结果他的回答让我意外——他提出早上7点起床和晚上9点睡觉作为小行动，他认为这能促使他合理利用时间。

这次对话让我深刻体验到教练对话的力量。对话结束后，我问他，这次对话，给妈妈打多少分？10分满分，他给了我8分，我那个时候是特别开心的。

第二天早上他果然7点就起来了，还去外面买了他一直想吃的早餐，并给家人带了些。

那天早上儿子主动跟我讨论：为什么问问题可以实现这样的效果？他跟我说，在跟我对话时，他感觉这些内容都是他自己脑子里想出来的，好像它们本来就在那里。妈妈问他时，他就把它们挖出来了。

这就是教练对话的神奇之处，帮我们挖出本就深藏在我们内心里的宝藏。

这场对话激发了我对教练对话的热情，从此教练式沟通就成了我跟孩子沟通的方式，每次看到孩子闷闷不乐时，我都会带着好奇去提问，并倾听他的想法。而孩子也给了我一些正向反馈，我印象最深的是最近一次闲聊，我们聊过去的一些经历，儿子突然问我："妈妈，你是什么时候开始学习教练对话的？"我说："大概是2022年11月吧，你问这个干什么呢？"他说："我发现，你自从学习教练对话后，好像变了，变成了我想要的妈妈。"

哇！我当时听到这句话，鼻子一下就酸了，感动得眼泪在眼眶里打转。单单这一点，我就无比庆幸自己当初遇见了教练对话，并且选择成为教练。

教练对话不仅让亲子关系变好了，还让我与爱人的关系变好了。在学习教练前，我和孩子的关系挺紧张的，我生气是家常便饭，经常会对着孩子大吼大叫。

我老公因为不太喜欢这样紧张的家庭氛围，经常不怎么在家，我们也经常会因为各种小事而发生争吵。我经常会觉得自己委屈，明明做了那么多，却总得不到他的理解和关心。

但是随着一次次教练对话练习，我一次次探索内在的自己，一次次去认识自己。对自己了解更多，更能接纳自己后，我发现在跟爱人相处时，关系变得越来越轻松和谐。

我学会了用教练思维去看待他人，相信他们每个人都是优秀的，也学着用教练式沟通去倾听了解他人。

经过一年多的教练生活化实践，我现在性格温和了很多，家庭氛围融洽了。我和老公的亲密关系变好了不少，我不再只是看到他身上的缺点，反而更多地去看到他身上好的地方，甚至有时会破天荒地去夸一夸他。因此，曾经不怎么送礼物的他，开始在一些节日给我送惊喜礼物了。

## 03 成为教练，我收获了什么

在教练营中，我投入了百分百的热情和空闲时间，可能因为这份投入，我拿到了教练之星的荣誉，也作为优秀学员顺利毕业，并通过教练认证，成为“一行”的认证教练。

在成为教练后，我仍不甘于就此止步，于是继续加入了“一行教练”俱乐部。基本上“一行教练”俱乐部的活动我都参与了。

在成为认证教练3个月后，也就是2023年3月，我再次申请“一行”的对外教练，最终也顺利通过。不久，我报名加入了108营，成为里面的助教，认识了一群同频优秀的教练和伙伴。我成功报名成为第10期教练特训营的小天使。

在108营做助教的期间，我因一次契机收到了暴暴的邀请，成为“一行”服务号新任主理人。2023年8月，我开始继续深入学习教练对话，报名了“一行”的ACC直通车课程。经过100多天的学习，一次次对话教练，我的对话时长累积到了100多小时，成为“一行”的一星教练，也成为一名准ACC教练。

我做的更多的是通过一次次教练对话，给无数线上伙伴赋能。就算只是微信上的沟通，有时也能意外通过几个提问，给他人带来超值的收获。

让我印象最深的是有一位客户迟迟找不到工作，对未来迷茫时找到我。那次教练对话，我支持他去看一看他的需求和想法，他未来想要成为的样子。一开始他并不敢去想，随着一步步深入，在教练对话的场域下，当他真正看到他内心真正的渴望，他高兴得哭了出来……

那次对话结束大概过了近一个月，他在微信上联系我，他找到工作了，尽管目前工资不高，但这是他自己选择的喜欢的工作，他对未来充满了动力和希望。

而这样的成长经历和收获，还在持续着……

以上种种让我明白，你只管风雨兼程，阳光自然会出现。

在参加第二届“一行教练节”时，我听暴暴老师提到“一行教练”是目前中国全范围内唯一一家做纯线上教练培训的机构，并且是拿到了level 1 ICF认证课程资质的机构。我感到异常兴奋，也特别庆幸自己选择了“一行”，选择在“一行”学习教练。

同时，作为“一行”的一星教练，我拥有了更多自信，相信一行教练课程教给我们的知识，是足够专业的，对自己获得的证书拥有绝对的自信，相信这份肯定背后的力量，我也期待自己带着“一行”平台赋予我们的自信去笃定地前行。

如今的我，作为全职妈妈，重心依然在育儿上，但教练也同样在帮助我更好地育儿。如果把育儿作为主业来看的话，教练是我的“第二曲线”，而我给它更准确的定位是“亲子成长教练”，因为我一直在践行用教练的方式实现亲子成长，也在用教练的方式支持更多伙伴实现成长。

目前我已经支持了50多位线上伙伴实现了成长，我的朋友圈也一直在更新教练生活化的实践行动。

未来，我期待在教练这条路上走得更远，支持更多伙伴活出笃定、自在、丰盛的人生。

# 尹利霞

**心之所向就是光**

**尹利霞**

大王管理咨询创始人

国际教练联盟 ICF 认证教练

CEO& 高管教练，30+ 家中小企业顾问

前易到用车、元气森林高管

5 年科技公司创业史，最高年营收 3 亿

我是一个从小城市到北京打拼的考一代，是职场掉队生“程序媛”，也是24岁独立负责300人培训的明星讲师。更是抓住互联网红利的团队高管，曾带领团队从百人快速发展到千人，但最后不得不坦然面对被资本扫地出门的无奈。

后来我成了一名创业者，是年营收最高3个亿的科技公司联合创始人&HRD，也是经历过3轮业务和团队调整折磨，半夜睡不着觉的老板。

现在，我主动选择做陪伴中小企业的商业顾问和高管教练。从零开始，一年时间成为30多个中小企业顾问，帮助他们解决团队管理难题。

最近很多人都问我：“大王老师职业跨度这么大，每一次都做这么好，有什么力量在支持着你?”

一句话：心之所向就是光！不惑之年的我，越来越清晰自己的使命，很享受陪伴你一起逆风飞翔的快乐。

# 01 从“职场掉队生”到明星管理者的逆风翻盘

从大学理工科毕业后，我进到北京某科研院所做程序设计工作。工作第3年，组长对我说：“你太慢了，换别人干吧！”这让我很迷茫：我不会失业了吧？我就这样掉队了吗？

碰巧当时一个项目要给300多人做培训，负责人突然病倒，老板临时抓包说：“你顶上吧。”为了准备培训内容，写案例，改程序，我几乎几天没睡。好在功夫不负有心人，项目验收时，甲方拍着我的肩膀说：“小姑娘，不错呀。”我回到宿舍，眼泪啪嗒啪嗒地往下掉……

后来我独立带团队，负责项目需求验收交付全套工作，从小镇做题家到同时管理七八个项目团队的高管，我在一次次实战中历练，干得不亦乐乎。因为我知道：只要你足够想要，你所想的一切都会实现。

2013年，互联网行业风头正盛，我加入了一家D轮的头部网约车公司。一年半，团队规模从100人增长到800人，我作为负责人，为使团队实现从0到1发展，而搭建了整个人力体系和项目研发管理体系，保证上百个项目的顺利并行，帮公司走上了正轨。6个月的时间，我升职成为项目总监，拿到了年度最佳员工，3年时间绩效A+。

当时业务发展得很快，团队也突破了千人，各种需求雪片般飞过来，线上事故一个接一个报警，客户投诉满天飞。看着工程师们熬红的双眼，“努力”两字显得那么苍白。我终于意识到：企业的成功靠团队，而不是靠个人，这就是管理的价值和意义。

我个人早期在团队管理上也走过了不少弯路，比如一开始总不敢提要求，大家完不成，我就吭哧吭哧自己干，害怕绩效不达标，害怕得罪人，所有责任都自己扛，所有问题都是默默消化。

怎么办？我们开着飞机换引擎，不断通过流程和工具，提升组织管理效率，从公司战略目标到人人头上有指标，关注部门协作，让乱而有序成为可能。同时加紧人才选拔和培养，最终帮整个组织缓过了企业青春期的阵痛。

熬过这段时刻，我感觉靠自己琢磨太慢了，于是付费了几十万，想学好管理这门必修课。我边学边干，从学习工具类的OKR管理法、项目管理方法论、股权激励，到战略管理、组织发展等，再到结合实际经验一点点总结，在团队管理上学以致用。

管理不是老黄牛，要带领团队拿结果，靠结果去培养人。这是我践行到今天的重要准则。

## 02 从管理者到创业者的挑战

2017年，我作为一家互联网保险科技公司的联合创始人，整体负责公司战略管理和人力资源工作。这是从0到1的起盘，大到业务模式怎么走？核心团队从哪来？第一笔启动资金怎么找？小到办公室装修找谁做？员工社保公积金怎么缴？我都是从头学习落地。

公司就好像一个自己养大的孩子，不断地看着他长大。创业后才知道，真的有点错把平台资源支撑起的发展当成是自己能力带来的结果。在大企业平台财务、人事、福利等基础保障下，你只需要关心业务就行。人才密度很高，作为管理者，你把方向和策略梳理清晰，执行力和结果大概率不会有问题。

职业经理人和创业者完全是两码事，即使我们几个合伙人已经是经验丰富的老兵，但是基层团队需要手把手带出来，业务也是从零起步，第一年我们只有200万营收。

招不来一流人才怎么办？事必躬亲自己带。找不到客户怎么办？下一线去拜访，一家一家谈，和客户在一起。没钱没名气没影响力，三无公司，怎么才能吸引更优秀的人才？起步期，靠创始团队的魅力和对事业的笃定感，我们吸引了一批又一批热血青年，一个一个带，不管是一对一辅导还是各种传帮带，短时间内培养了一批业务高手。

我由此体会到这句话的意义：管理的本质是最大程度地激发人的善意。

团队能量爆棚，执行力爆棚，从零开始，半年时间搭建百人团队。找团队，盘客户，一路我们高歌猛进，第一年营业额百万，第二年7000万，第三年3亿。业务越来越大，人也越来越多。组织需要培养中层干部，让更多的人扛大旗，顶大梁。

人才是利润最高的商品，能够经营好人才的企业才是最终的大赢家。

我开始学习如何放手更放心，通过团队拿到更好的结果，让团队愿意干，知道怎么干、如何干得好，帮助团队聚人成事，帮助领导者气定神闲。

每年我会给自己的团队做几十场大大小小的辅导和共创，辅导和帮助管理者拿到结果，实现业绩目标倍速增长。这简直太有成就感了。

我自己也慢慢体悟，想把业务做大，只有管理的“术”是远远不够的，打造一支真正有战斗力的团队，不仅仅是体系和金钱，更重要的是领导的初心。

种下匮乏，便是贫瘠沙漠，种下丰盛，便是郁葱绿洲。看到团队姑娘们越发灿烂的笑容，我越来越明白“心在一起，才是团队”的意义。如果说大公司靠丰厚的回报和美好的发展前景能够吸引优秀的人才，小公司靠什么？小公司更要找到能够点燃团队的那个开关，打造一支所向披靡的团队，这是我给自己的课题。

想要抵达远方，不需要告诉他怎么才能抵达，只需要告诉他远方有多美。

## 03 从只服务一家公司，到服务上千家中小企业的教练

2021年，我有机会学习了教练技术，教练技术所蕴含的价值观一下子打动了我：相信那个人是优秀的，每个行为背后都有正向的意图，这种全然敞开、接纳的心，正是一个领导者的核心能力。我开始用教练技术，一步一步引导大家找到答案，并且更有驱动力。

企业实战经验+教练技术+丰富的人生阅历+成人达己的心=优秀的企业教练。

我开始想，我能不能把我的方法论和实操经验分享给更多人，

帮助更多中小企业主成就更大事业呢?

我从2022年8月份开始踏上高管&CEO教练之路，用真实的管理案例拆解，他山之石可以攻玉，我用教练技术影响了很多人。

投我以木桃，报之以琼瑶。我的宝藏学员们的反馈更让我觉得：这个方向是对的，所有的付出都值得!

她说：“我们公司一直都是战略目标想得很好，一到执行就掉链子，年年定目标，年年完不成。通过大王老师辅导，我知道问题卡在哪了，我带回去给团队用。”

她说：“从思维到认知都上了一个台阶，也清晰了接下来如何带一群人成事了。我以前太简单粗暴了。难怪有钱也留不住。”

她说：“我们去年把老业务砍了，新业务却没思路，跟着大王老师重新厘清了公司方向，现在新业务已经有了百万的收入，起步很快超出期待，太高兴了。”

他说：“我们公司业务发展太快，团队人手不够，压力大，大批离职。和大王老师刚学习了一个月，我的管理认知被打开了。作为公司的‘大脑’，我搭建了公司自转体系，进人速度和新人达标率都提高了30%，自己也不那么慌了。”

……

中小企业会面临很多问题，没有知名度、能力不够、资金不足、新客户开发难、竞争压力的行业压力大，想要生存发展，怎么做?

我的答案是陪伴中小企业老板走一条小而美的商业模式，“小”是指垂直细分领域，“美”是指在经营上有新意。

讲个猎头企业转型小而美的案例，我一个学员是某猎头公司创始人。公司此前服务于地产行业，而随着地产行业遇冷，相应猎头岗位需求也会越来越少。面对公司这十几人，老板每天唉声叹气，不知该怎么办。

我们就通过一系列方法，帮他重新梳理了公司现状：虽然客户、行业现状发生了很大变化，但是猎头识人辨人、对人才的把握能力还是很强的，我们帮助他布局到新能源和新媒体行业这两个新兴领域，在半年后成功扭亏为盈。

同理，健身行业遇到了小而美，又会出现什么样的火花？一位重庆健身行业老板通过调整客户人群，从大而全的健身机构，到聚焦产后妈妈塑形，提供外修内养的方法，让产后妈妈学习美好的健康生活方式，塑造了精品体验感，客户络绎不绝。虽然我现在讲起来风轻云淡，但是在企业转型和聚焦过程中，每位CEO都会面临难以想象的压力。

在这个阶段，高管教练应该怎样支持到CEO呢？答案是：清晰就是力量。

通过教练式提问，重要的是去请他们去思考。你为什么做这件事？你做这件事的目的是什么？想实现目标需要什么样的帮助？如果目标达不成，最差的结果是什么？我能不能接受？我该如何避免这些风险？通过一次又一次的教练提问，帮助一号位能够更清晰看到各种风险和各种确定性，他才会更坚定，最终守得云开见月明。

赌注的背后是远见。所有的决策都不是盲目的，幸好有教练陪在身边。这份相识于微时的情谊，相互信任，陪伴管理者成长为受人追随的领导者，陪伴发展型企业长成参天大树的感觉真的太棒了！

我似乎看到了5年后的我，成为一名优秀的企业家教练。在一个轻纱曼妙、禅意十足的自在空间里，我和企业家学员们围坐在一起，大家促膝长谈。不仅聊业务，更关注作为一个“全人”的人生体验和生命感受，这种感觉妙不可言。

从头一步一步开始，我用一年多的时间，陪伴了30多位中小企业主们定战略、建团队，拿结果。作为智囊团和教练与他们并肩站在一起。

期待未来我们可以一起做得更好，走得更远。心之所向就是光。

# 高薇

## 穿越低谷，重启人生

**高薇**

ICF 准 ACC 教练

支持 50+ 人探索内在生命力量，实现突破和成长

深耕职场 12 年

12 年互联网项目营销，7 年高绩效团队管理

现为一名生命教练，致力于用对话点亮更多生命

我出生在浙江的一个小村庄。我的母亲勤劳勇敢，乐观坚韧；我的父亲文质彬彬，有着一份体面却收入普通的工作；我还有一个姐姐，大我5岁，乖巧懂事，人见人爱，成绩也比我好，但我并没有自卑感。

在我6岁那年，母亲为了将来供我们姐妹俩上大学，决定自己种地自己卖菜。从我母亲“事业”转型那时起，我们姐妹俩除了在学堂里“发光”，也开始在泥土里“发热”。

相较于村里其他小孩，我的童年在肉体上是吃过很多苦的。

暑假的每一天，我都要帮母亲干活，坐在弄堂小板凳上的我，顶着三十七八摄氏度的高温，没有电风扇更没有空调，只有裹挟着热浪的一丝微风吹过我通红的脸庞和糊在脸上的发丝。看着花生、毛豆从我手上摘下扔进竹筐，内心别提多有成就感了。

相较于肉体上的苦，童年的生活在精神上带给我的却无比富足。

我的父母很开明，并没有望女成凤的期待，只是鼓励我们尽量多读书；我的父母思想开放包容，上大学、找工作、找对象，每一个人生的重要选择给了我们姐妹俩足够的自由；母亲叮嘱我们要独立，要活出自己的价值，我眼中母亲就活出了那种状态。

父母的辛勤劳作让我从小衣食无忧，父母的爱和包容让我内心充满力量，在家人无条件地支持和自己的努力下，前35年的人生平淡却顺遂。

## 01 顺势而为，就是当下最好的选择

2010年，我大学毕业了。2个月后顺利进入一家互联网医疗大健康企业，开启了第一段职业生涯。

作为职场菜鸟的我工作认真努力，或许因为表现还不错，年底获得了优秀员工奖，这份荣誉给了我信心也让我充满能量。就这样，我在公司开启了“升级打怪”之路。

我在岗位上努力耕耘，加班是常态，旅游带着电脑，生娃前一天还奋斗在工作岗位上。我的全情投入完全出于对这份工作的热爱。

随着公司业务的蓬勃发展，我也一路稳步成长。2020年，我带领的团队超过30人，那一年是我加入公司的第10年。

在那之前，我从没想过会离开团队，甚至离开公司，我以为会这样一路走下去，最终“白头偕老”。直到2021年初，公司基于战略发展考虑做出了重大的组织架构调整，我所在的业务线被整合到新的事业部。不同的管理风格、考核方式和协作模式，这一切对自己

和团队来说都是极大的挑战。即便如此，我依然带着团队努力适应和融合。

就这样过了快一年，本以为一切将重回正轨时，新一轮的调整在年底悄然来袭，而这一次我嗅到了危机感。

虽然还没正式通知，但我预感到这一次对我来说会是更大的坎。我花了3天时间思考去留的问题，内心充斥着纠结、迷茫、害怕和不甘。我纠结于是否要接受定位的调整而勉强留下；我迷茫于自己的未来何去何从；我害怕困于熟悉的业务太多年而无法突破舒适圈。但我又不甘心以“默认”的方式离开。那是我步入职场以来最煎熬的3天。

经过3天的挣扎，我做出了决定：我想要改变和突破。我不知道自己是否会成功，但在我做出决定的那一刻我知道最难的一步已迈出。而事实证明，当一个人想要改变时，能量和资源都会向他倾斜。我为自己争取到了一次探索新业务的机会。

过完年我完成了正式转岗，那一年，我35岁。

我很珍惜这次自己争取来的机会，常常加班到深夜。我想快速探索出新的模式，用成绩回报公司，也想证明自己的能力。3个多月后新业务的首轮推广拿到了超预期的成果。我很激动地请团队吃下午茶。

虽然首次试水拿到了不错的成绩，但想要在创新业务上拿到持续稳定的产出显然还需要更长的周期。面对未来的不确定性以及受到当时大环境的影响，我迎来了第一段职业生涯的终点。

当一切都尘埃落定的时候，我显得异常冷静，天下没有不散的筵席，我知道这一次该彻底离开了。或许是因为年初就已经历过一次；抑或是我看到了突破自我的勇气和力量，内心已经没有遗憾。

人生最重要的是顺势而为。当我看清那份“势”逐渐褪去的时候，接纳就是当下最好的选择。

虽然有点遗憾未能“白首偕老”，但我依然觉得自己是幸运的，刚入职场就遇到了这家拥有崇高使命和愿景的企业；公司正直、开放的文化价值观一定程度上也激发了我更大的潜能。

谈话结束后的第二天，我就签署了离职协议，在签下名字的那一刻，我放下了过去的人和事，以及漫长的回忆。离开前的那段日子，我跟老战友、老朋友们一一打了招呼，在彼此的祝福中给这段旅程画上了句号。

## 02 身处黑暗，依然心向阳光

辞职之后，我给了自己一年时间来陪伴家人。我带公婆、爸妈和孩子去了西安、贵州和宁夏，娃也在这一年平稳地从幼儿园迈入小学，他适应得甚至比预想中更加好。

经过一年修整，我准备重新起航。

我的过去一直是随心而行，我的未来也不想将就。我认真思考后还是想找一份自己喜欢的工作，这对我很重要。我花了一星期写完简历，投放到各大招聘平台，很快就陆续有猎头跟我联系，那时我还挺兴奋的，毕竟2023年的大环境依然糟糕。但每一次沟通完之后，我都没有心动的感觉，对方也鲜少回应，如同相亲的双方互相看不上。难得有几次合适机会，也因为离家实在太远，通勤太长只好放弃。

就这样过了几个月，我的求职之路依然在原地打转，于是我开始主动出击。

然而，年龄的劣势已是不争的事实，加上自己对行业和距离要求，机会十分就有限。在投递了近百份简历之后，我收到的反馈寥寥无几。我的简历和消息几乎都石沉大海。

这时我才体会到被现实重重打了一记耳光的那份真实感。也终于体会到了中年失业的那份焦虑感。

自打我失业后，经常有朋友和前同事与我联系，我知道他们不只是关心我，也想从我这里获取一些力量和对未来的信心。这一年，大家都不太如意。

找工作的第5个月，依然看不到希望。而大环境的不确定性和对未来的迷茫让整个家都充满了焦虑，我对工作的想法和坚持也让我与家人的分歧越来越大。而最让我难过的是那个包容了我35年，从未勉强过我的母亲，这一次她没能理解和支持我，而我虽然内心无助却依然倔强地不想将就。我开始早出晚归，只为躲避母亲的唠叨和叹息，这种状态一直持续到12月底。

那是我人生中最黑暗的时光，我的人生被重重迷雾笼罩看不清方向，我的内心充斥着迷茫和焦虑。

我不知道这样的状态会持续多久，但我相信终有一天会结束。

## 03 教练，让我的人生重新起航

找工作那段时间，我也开始关注各类自媒体直播，试图让自己打开视角。直到11月初，一行的一场直播为我人生的重大转折埋下了一粒种子。

11月12日，当我在直播中听到暴暴介绍“教练”这个职业时，我的内心瞬间被“成人达己”的精神触动。当时我非常想深入了解这个职业，于是果断报名了教练营一模课程。

经过一个月漫长的等待，12月17日教练营如期开营了。果然是传说中的“秃头营”，除了课程学习，还要对话实践、复盘、督导学习等。为期49天的学习，充实而快乐，而带给我最美好体验的就是跟伙伴们的对话实践。期间最让我感动的一次对话，是支持一位快退休的姐姐破除她对学车的恐惧。在对话体验环节，我问她拿到驾照想去哪里，她说退休后想去俄罗斯自驾。在我们共创的画面里，她穿着红裙，听着《莫斯科郊外的晚上》，正缓缓行驶在通往莫斯科的路上。对话结束，她就把考驾照写进2024年的目标中。而那个画面我一直记到现在。

2024年2月7日，我拿到了教练证，正式成为一名教练。春节的短暂休息后，我开始频繁做对话、复盘、观察对话、提升教练状态……每天6点起，每晚11点之后才能休息，虽然强度很大，但我依然不知疲倦，内心充满能量。

3月份，我陪伴支持了20位客户解决他们的议题。当我看到他们突破内心卡点，勇敢面对生活的挑战，找到清晰的人生方向时，我感受到每个人内在的无限潜能，也看到了教练对话的意义。

其中最让我触动的一场对话是支持客户解决困扰她十几年的心结。客户在高中时代经历过一段压抑的亲密关系，毕业后她切断了与此人的一切联系，也把那一段过往封存于记忆深处。近期，过去的画面频频出现在脑海中，这让她很困惑。经过一个小时的探索，在对话体验环节她选择把封存的记忆瓶子打开，她说看到往事化成一阵黑烟随风飘散。第二天，她微信告诉我说那个压抑的画面没再出现了。我真的替她感到开心。

那是我再一次感受到对话的神奇力量，也更加坚信每个人本自具足。其实每个人的内在都有无限的能量，当你有足够的勇气去面对生活的挑战，你内在的能量就会支持你突破卡点，勇敢往前。

教练不仅支持了他人，也滋养了自己。那段时间我的内心变得平和，我的状态也变得自在起来。朋友们都说我不一样了，她们都很羡慕我聊起教练时两眼放光的样子。

我对教练的热爱也感染了家人，孩子爸爸在精神上和行动上都给了我极大的支持，还主动承担了更多的家务；儿子也在行动上支持她的妈妈，每当对话和学习的时候，总会乖乖退出书房；母亲看我每天废寝忘食地学习，也逐渐理解和支持我，还会好奇地问我学习的情况，即便对“教练”职业依然一知半解。

我的生活回到了正轨，我的事业也重新启航。

教练是一个需要终身学习和修炼的职业，如今我正在“一行”的ACC直通车（二模）继续修行，而教练也将成为我一生的事业。

一个活好的人有两个世界，一个是往外追求的世界，一个是往内探索的世界，两者平衡才会拥有更好的生命状态。

我希望用教练对话支持更多人探索内在世界，活出绽放的生命状态。

# 王 储

**热爱教练，绽放精彩人生**

## 王储

“一行”一星教练

赋能升维教练

个人 IP 打造教练

财富行动力社群主理人

## 01 教练，照亮我心底的光

当我第一次了解到什么是教练时，我就立刻决定学习教练技术，将教练作为实现我终身使命——“成人达己”的重要工具。

在一年之前，有人问我是否考过ICF认证，我回答他：“我只是自己做课程、做训练营、做独立的培训师和教练。我不想学习教练，也不用考什么认证证书。”

那时候，我还不知道这个“国际认证教练”到底是什么。我心里的想法是：考个证书能有什么用？也不能保证一定有客户、一定能赚到钱。这个认证无非是一个商业化的国际认证体系而已。

半年前，我有机会听到“一行教练”创始人暴暴有关教练的一次分享。她的分享彻底扭转了我对教练的认知和态度。在此之前我也并非对教练和国际认证教练感到反感，只是不清楚这个国际教练联盟认证的教练是什么。但听了暴暴的分享之后，了解到教练是一种基于心理学的应用技术体系，通过倾听和提问激发人自身的潜能。教练是一个养人又赚钱的职业。

暴暴教练讲的内容非常打动我，我能看到她在做教练事业时的笃定和热爱，也能看出她确实在践行着用教练来支持更多人的生命这个初心。

我深深地知道，我的使命是成人达己，我会因助人而感到快乐。所以当时我还没有听完暴暴的演讲，就已经下定决心要报名暴暴打造的“一行教练特训营”的课程，系统地学习教练技术了。

当时那种笃定的感觉我至今还记得：没有其他选项，只有对学习教练的期待和激动。其实那时候我对教练具体的知识和学习有哪些内容依然一无所知，但这并不影响我的选择，因为它是符合我的使命的选择，就好像老天给我开了一扇窗，温暖的光透过窗户照进来，吸引我过去感受。

## 02 教练对话，我上瘾了

当我进入“一行教练特训营”开始学习教练时，我学习到一个之前未接触过的全新体系。我必须放下之前所有的经验，以一种空杯心态来学习教练技术，用这种空杯心态来面对教练对象，不主动提出我的想法和建议，不打断对方。这对很多人来说是很难做到的。

我了解了教练跟咨询、培训、心理治疗等的不同之处。教练不需要知道某个领域的专业知识，只需要使用教练的技术和经验，保持一种开放、中正、接纳、允许的状态，先倾听，再用结构化且有力的提问和反馈，激发教练对象本身就具有的潜能。教练是面向未来寻求答案，而不像心理治疗是面向过去处理伤口。

“一行教练”的训练体系设计得非常科学，特别注重实践练习，从课程的第一周开始就让我们互相组队练习对话。这在所有训练体系中都是很少见的。这种设计让学员可以快速地、切实地掌握教练对话的要领。

很神奇的是，即使初学教练的我们，只要按照最简单的“教练七箭”的流程去做一遍，就能够轻松完成一次教练对话，而且能够解决对方的问题，给对方赋能。

暴暴在课程中说，教练工具、教练流程本身就是具有很高能量的。所以即使是初学者，只要使用这些工具和流程，就能达到一定的效果。这种直接体验、立即实践练习的方法，深深地震撼了我，也让我很快掌握了教练的一些要领。

当我开始不断地练习教练时，我发现我更热爱做教练这件事。

每次我做教练对话，都会促使客户有新的觉察。在对话结束后，客户说收获很大、对我表示感谢时，我都有非常大的成就感。这种成就感是我真正能够帮助到他人时，自然产生的，是金钱换不来的。

我本来是一个内向的人，不太愿意跟陌生人接触，但在“教特营”期间完全打破了我的这种自我限制。只要有时间，我就在“教特营”群里发出对话互练邀约，不断地跟不认识的同期学员们连接，最多的时候一个周末约6场互练。

教练对话做得越多，我越热爱教练这件事。最多的时候，一周做14场教练对话，包括互练至少要40个小时。有时周末会约满，一场对话完成紧接着下一场对话，从一大早排到晚上。虽然我精神上有些疲乏，但心情是喜悦、兴奋不已的。

我一个月最多做了60场对话，很多人说我很“卷”，但我并不觉得那是“卷”。我不认为我在努力，我只是在做一件我很热爱的事情而已。我只承认我对教练对话有点上瘾，欲罢不能。就像我们会说一个非职业玩家打游戏上瘾，而不会说他在努力，在“卷”，道理是一样的。

## 03 连接未来的我

教练对话极大地激发了我的潜能，并多次为我赋能。

凡是你能想到的烦恼、困难、麻烦、焦虑，都可以通过教练对话来解决。在我看来，没有什么问题是一场教练对话解决不了的。

如果有，那就多做几场。

自从学习了教练，再也没有什么我不知如何解决的问题。做督导太紧张，做一场教练对话来缓解；写文章不出彩，做一场教练对话找灵感；想要的太多放不下，做一场教练对话“断舍离”；收拾屋子行动不起来，做一场教练对话来突破信念；工作枯燥总拖延，做一场对话找动力；开车有路怒症，做一场对话找原因……

我不止一次地在当教练对话的客户时，连接到未来一年、三年、五年、十年后的自己。那个时候的我，目光是那么有力、笃定，神情是那么自信、专注，内心平和、从容、喜悦、丰盛，正在做着我最热爱的事情——讲课、教练对话、写作等。那个未来更加有智慧、充满能量的我，不需要说任何话，便能让我感知到他的内心，我脑中接收到他想对我表达的内涵，被他的气场赋能，感觉像手机瞬间充满了电量一样。

有一次，当我作为教练客户，再次在脑中见到未来的自己告诉我一些解决问题的方法之后，教练问我：“你现在想跟那个未来的你告个别吗?”

我突然灵光一闪，说道：“我不用回去。既然他就是我，我就是他。他告诉我，我是跟他具有同样能量的。那我就可以和这个未来的自己互换呀!”

未来的我自然是同意的。于是我就在脑中，跟未来的自己换了过来。未来的自己回到了当下我的身体，而当下的我，留在了未来。

这一刻，我完全感受到了一个能量充足、智慧更高、内心更加笃定强大的我。这种体验我永远不会忘记。

现在，每当我需要静下心或者遇到眼前解决不了的问题时，我就会深呼吸，自己沉浸在内心的世界。

我自己内心就有解决一切问题的资源，想象自己是一座高山、无边的大海、广袤的宇宙，来点化自己，连接大自然，让自己的思想升到更高的维度，让自己的状态越来越好，慢慢地修炼“活在当下、物我两忘”的状态。

## 04 让做教练的人获得满意的回报

即使没有稳定的收入，我也愿意将教练作为我终生的事业。

学习完“教特营”，我果断地选择加入“一行教练俱乐部”。那时我已经想好了，即使教练这件事最终不能带来稳定的收入，我还是会持续做这件事，用其他工作赚钱，用教练这份工作助人、修心、精进自己。

这让我想到郭德纲曾经的经历。他热爱相声，但是当初开相声园子不挣钱，他需要往里搭钱，于是郭德纲就到处接活挣钱。他用在电视台做主持人、给电视剧写剧本等工作赚来的钱，支持他的相声事业。

我觉得我像他热爱相声一样，热爱着教练这件事，哪怕教练不赚钱，我也愿意付出我的时间，做其他的工作来赚钱，在工作之余持续做教练这件事。

当然，基于我现在对教练行业的了解，未来教练行业一定会迎来暴发期。我也会为了“让做教练的人获得满意的回报”而做一切努力。

目前，我正在学习“一行教练”的国际教练ACC直通车课程，课程的难度和作业量比“教练特训营”大，我又参与了第三届“一行教练峰会”活动的筹备工作。虽然教练对话这件事让我享受其中，但教练课程学习和相关工作我同时想做的太多，因此我每天日程安排得很满，睡觉的时间都很少。

这是我做教练以来遇到最大的挑战，今后在教练之路上还会有很多更大的困难等着我。因为教练给予我的能量足够大，所以我不怕这些困难，会毅然决然地走下去。为了教练，哪怕遇到再大的困难，我都会决绝地坚持到最后并战胜困难。

## 05 成人达己，绽放精彩人生

教练，是可以让我做到生命最后一天的事情。

我曾在一次作为客户的教练对话中，想象过这样的场景：几十年之后，我已经满脸皱纹、满头银发，可能已经走不动了，坐在轮椅上，很多事情都做不了了。那时，窗外虽然是夕阳晚霞，却是那么温暖美好。那时的我，仍然面带着微笑，温暖、亲切、善解人意，通过远程视频给全世界各地的人们做教练对话、做教练教学。当然，那时候的人们全都使用汉语交流了。

学习了教练、做过100次教练、100次教练客户的我，此刻非常笃定。我的这一生，都会用来践行“成人达己”的使命，每天都沉浸在助人、育人、成人的成就感和喜悦之中。

我的愿景，正是几十年如一日地做着“成人达己”的事情，绽放我的生命之花，支持越来越多的人成为教练、成为他们自己、活出精彩的人生。

那时候的我，做到了《钢铁是怎样炼成的》中保尔所说的：人的一生应当这样度过：当回首往事的时候，不会因为虚度年华而悔恨，也不会因为碌碌无为而羞愧；在临死的时候，他能够说："我的整个生命和全部精力，都已经献给了世界上最壮丽的事业——为人类的解放而斗争。"

教练，正是那个可以解放灵魂束缚、为生命带来光明、为人生点燃希望、为内心送去温暖，值得我终身为之奋斗，我一生所热爱的伟大事业。

# Summer小潘

## 我的正念整理艺术

**Summer小潘**

正念整理陪伴教练

“一行”一星教练 100 小时 +

整理收纳 150 小时 +

我是一位正念整理陪伴教练，也是一位生命陪伴教练。我把教练思维、正念练习和整理技术相结合，以此来帮助人们清理内心空间，清理心灵，找到生活的秩序，使生活变得和谐。

我这几年的经历就像生活中的一幅画卷，夹杂着新奇和挑战，虽跌宕起伏，却又始终闪烁着希望的光芒。

生活总在不经意间带来挑战，也带来成长。

## 01 走出困境，成为教练

某个夏日的午后，我偶然间刷到K叔直播间，我被K叔真诚所吸引，就留在直播间里。当听到他说教练能成人达己，我渴望帮助人的天性被触动了，于是报名了教练特训营（一模）。

在开营仪式上，我遇见了来自五湖四海的同学，我们分享着对教练的憧憬与期待。

第一周的学习，让我了解到做教练需要好奇心，我立刻觉得自己天生就适合做教练，因为自己就是个好奇心旺盛的人。我对教练学习更是满怀自信。

但是，梦想与现实之间，总是横亘着一道道难关。在第一次模拟教练对话中，我就遭遇了瓶颈。我试图用我所学的技巧去引导对方，却发现自己总是慢半拍，无法及时捕捉到对方的情绪变化。对话结束后，我感到前所未有的挫败感。

我开始怀疑，我真的适合做教练吗？我是否有能力去引导他人？我试图更努力去练习，来提升自己教练能力。但是，越是努力练习，越是感到对话效果差强人意，我感到前所未有的迷茫和焦虑。

就在我几近绝望的时候，甜甜教研员出现了。她的抱持、经验和智慧，一点点引导我走出困境。

她说："每个人都有自己的光芒，作为教练，我们的任务是帮助他们发现并点亮这光芒。"她的话像一束光，穿透了我心中的阴霾。

我开始重新审视自己的教练之路。在甜甜的指导下，我提升了倾听能力，学会了用心去感受对方的情绪，学会了用开放式问题去激发对方深入思考。我还学会了如何管理自己的情绪，如何在教练对话中保持中立和客观的立场。

我的同伴们也给了我巨大的支持。我们一起模拟练习，一起复盘讨论，一起分享经验。在这个过程中，我不仅提升了自己的教练技能，还收获了宝贵的友谊和信任，并且最终通过了毕业考核，成为"一行"认证教练。

## 02 突破个人局限，勇于挑战自己

正当我准备迎接新的挑战时，一个噩耗从国内传来——父亲病危。我匆忙订了机票，还没来得及登机，就得知父亲已经离世。

那一刻，我的心如同被重锤击中，悲痛和自责如潮水般涌上心头。

我停下了教练学习的脚步，沉浸在对父亲的思念和自责中。我开始反思自己的生活，反思自己的选择。我意识到，我一直在追求成长和更好，却忽视了生命中最重要的东西——亲情和陪伴。

春节临近，我独自一人在异国他乡，心中充满了孤独和无助。

在这个特殊的时刻，我收到了教练营同学们的问候和鼓励。他们的话语如同冬日里的一缕暖阳，温暖了我的心房。

我决定重启我的教练之路。我加入了教练俱乐部的35天对话训练营，希望通过实践来提升自己的教练技能。

然而，现实却远比我想象的要残酷。在35天对话训练营的第三场教练对话中，我遭遇了意想不到的失败。客户对我的教练表现很不满意，还很生气。

这次失败让我再次陷入了低谷。我再次怀疑自己是否真的适合做教练。我害怕能力不够的我，让客户失望，害怕再次面对失败。曾经勇敢的我，现在变得胆小了。

就在我几近放弃的时候，岚辰教练的一句话点醒了我，她说："教练是勇敢者的游戏，教练对话只有反馈，没有失败。"

她的话让我意识到，教练要有承担风险、面对不确定性的勇气。无论是对教练，还是对客户，每次对话，都是学习和成长的机会，而不是简单认定为成功或失败，教练对话成果可能不是当时显现的，但它会像一枚种子一样种在客户心里，即使没能在教练对话过程中长成一棵大树，它也会在客户心里发芽，逐渐成长为一棵大树，所以不要用外在的标准来评判自己和对话。

我开始尝试与自己的内心对话，尝试接纳自己的不足。我意识到，每个人都有自己的局限，而成长的过程，就是一个不断突破局限的过程。我学会了用一种更加宽容和慈悲的心态来看待自己，看待他人。

为了更好地探索和提升自己，我报名了ACC直通车（二模）。

## 03 不断提升进化，做更好的自己

二模学习时长是13周，比一模长了很多。报之前我有些担心自己是否能坚持下来。

于是，我以这个为教练对话的话题，找了曾经参加过二模学习的三位教练，给我分别做了三次对话。

在这三次的对话中，我最后探索出来的结论都是要参加二模学习。二模的学习时长和难度，是比一模要长很多、难很多，可是它将带给我丰盛的收获。这足以让我有动力和勇气，去迎接挑战，克服挫折和困难并坚持下来。

这三次对话对我坚持二模的学习起到定海神针的作用，让我以平和自在的心态，完成了整个二模的学习。通过ACC口试考核，获得一星教练的认证，这让我更加自信和坚定地走向未来。我决心成为一名更优秀的教练，成人达己，成事修心。

二模确实像对话探讨的那样，是一段充满挑战的旅程。无论是课程内容和作业设置，还是群体督导和小组讨论等，都比一模更有深度和广度。

每一次挑战都是一次机会，只有勇敢地迎接挑战，才能更好地成长和进步。

二模给我带来的成长和进步，是丰盛和喜悦的。我对教练思维、对话流程、教练工具等的理解、体会、感受和运用，产生了翻天覆地的变化，教练能力也得到了明显提升。

我记得在一次群体督导的现场，导师督导我刚做的教练对话，她说："你在拿对话的合约（目标）时太绕了，花了太多时间。这是在浪费客户的时间。"

听了她的话后，我难受自责的同时，又忽然悟到：时间是一去不复返的，浪费时间就等于浪费生命。在教练对话中浪费时间，是在浪费彼此的生命。教练对话要尽量精准地提问和反馈，以此来提高效率。

我还记得也是在一次群体督导，我问帆帆导师："为什么我在嘉奖环节的语言干巴巴，不能打动人呢?"

帆帆反问了我一句："你在平时嘉奖自己吗?"

帆帆这句话像一道闪电，穿透我的全身，我猛然明白这个问题的根源是我自己，我在平时很少嘉奖自己。

做教练就是做自己。如果自己平时就有各种卡点，那在对话中会自然而然地呈现出来。做教练对话，不仅是看见客户，也是看见自己。

类似这样的经历，在二模中有很多。正是这些经历，让我看见自己，并因此得到提升——这些都是我发生巨大变化和快速成长的原因之一。

这里还要感谢暴暴导师、文萱和蓝琳助理导师以及我的同学们。他们在我最需要帮助和支持的时候，总是伸出援手，给予我鼓励和指导。在群体督导，小组复盘中，我们互相学习、互相成长，共同面对挑战，解决问题。这种团队的力量是无法估量的，我感到非常幸运能够有这样的团队。

## 04 找到人生使命，点亮生命的精彩

3年前某天，在刷知乎的时候，我偶然发现了原来还有整理师这个新领域。那一刻，我仿佛找到了把自己热爱和擅长相结合的领域。

我崇尚秩序，擅长整理，更渴望将这份美好带给他人。于是，我投入了无数时间，阅读了所有能找到的整理书籍，观看了无数教学视频，甚至参加了专业整理师的课程。

我将整理不仅视为一种技能，更视为一种生活的艺术。

我开始为亲朋好友提供整理帮助，他们的好评让我信心倍增。

然而，我很快发现，整理物品只是第一步。更难的是，帮助他们探寻自己真正想要的生活空间，以及如何处理那些蕴含个人情感的、和将来可能有用的物品。

每一次整理都是一次心灵的对话。我意识到，我需要的不仅是整理技巧，更是深入心灵的能力。

在二模学习中，我找到了答案。

在一次对话中，我觉察到可以将教练对话、正念练习与整理收纳相结合，创造出正念整理陪伴教练这一新角色，帮助人们找到他们真正想要的生活空间的样子。

整理不再仅仅是物理空间的有序，更是内心世界的和谐。

我遇到了Mia，她的家中堆满了父母收集的纸箱，这成了她的烦恼。通过教练对话，我们发现这背后是父母对生活的热爱和对家庭的贡献。Mia开始陪伴父母一起收集纸箱，在这个过程中，她不仅重拾了家庭的和谐，也发现了与父母更深层次的情感联系。

Sophia的书架整理之旅，让她发现了自己对心灵成长和文学的热爱。通过整理，她不仅创造了一个更有品位的书房，更清晰了自己的人生观和生活方向。整理，促使她踏上自我发现的旅程。

我，Summer，作为正念整理陪伴教练，能帮助你清理空间，清理心灵，找到生活的秩序，使生活变得和谐。让我们一起通过整理，发现生活的魔法，点亮生命的精彩。

# 陈如洁

**“爱”了世界那么多年，**

**我终于可以开始“爱”自己**

**陈如洁**

“绘乡计划”创始人

全国优秀社会企业家

白碧之光乡村创客服务中心运营官

“一行教练”社会创新顾问

6年前我创立了社会企业“绘乡计划”，致力于以文化创意来激活乡村资产。

同时我也是一名专业教练，刚刚通过国际教练联盟ACC的口试。乡村振兴工作不是牺牲奉献，我相信乡村振兴战略蕴含的，是人与自然万物更和谐相处的生态文明思维，它代表着未来和先进，是充满快乐的，是一种对生命的滋养。

所以我开始学习教练技术，将人的生命成长与乡村需求相结合，让我可以很好地整合乡村振兴工作中面临的“政府、企业、村民”等多方复杂需求。

现在我们和地方政府合作设立“绘乡青年人才驿站”，组织了几千名青年下乡服务。我们的站点虽在乡村，但每周都有各级领导前来考察，我也获得了全国优秀社会创新家的荣誉、市团中央“创青春”大赛国家铜奖，我们的故事还获得《农村青年》杂志、“芒果TV”等各大媒体的报道。

在这个发展困难、不被看好的领域，我沉淀了有效的工作方法，拥有了彼此信任的团队，每天充满快乐地工作。

这么说起来似乎非常美好，但其实我拥有这样的生命状态才刚不到一个月。在过去的那么多年里，我经历的是无数次的至暗时刻。

## 01 清醒的沉沦者，第一次做出不一样的决定

你有过行动和情感根本不受理智控制的时刻吗？过去的我就是这样的状态。

就像明明知道不该爱一个人，却控制不住自己的情感，连分手的决心都下定不了，只能不断地在痛苦的关系中纠缠。

童年时家里发生了很大的变故，我成了留守儿童，在各个亲戚的照顾下长大。亲人们都对我很好，我也特别早熟，没什么同龄孩子要好吃好玩的需求。很早我就在思考"人生的意义是什么"这样的问题，在没有找到答案前我决定做一个懂事的乖孩子，好好学习，希望报答家人养育之恩，不辜负他们的照顾。

有记忆以来我的天空就很灰暗，舅伯每年会给家里的孩子们拍照，有一天他翻着老照片发现4岁以前我每一张照片都是笑着的，4岁那年以后就再也没有笑容了。去不同亲戚家要往返于城乡之间，我总是有许多对社会现象的不理解和心痛：

为什么奶奶家超市就能买到的自动铅笔，在外婆家读书时，学

校的同学却都没见过？

为什么村里的老师每节课打学生是常态？

为什么新闻说还有国家在发生战乱，还有人们因为饥饿去世，可我身处的社会环境是和平的，周围的人是健康的？

远处的哭声仿佛就在耳边，在这样的世界我如何能享乐？这一刻我找到了我人生的意义——我要做一个可以解决这些社会问题的人。

上大学后，我立刻开始做各种我觉得可以为社会服务的事情：去贵州支教、做环保志愿者、加入学生会。我积累了经验、影响力和资源后，大三开始创业，找到了我认为最影响国家发展和国际格局的乡村振兴领域并为之奋斗。

可我依然是不快乐的，我知道自己这样的状态和想法是不健康的，大家喜欢评价我高尚、善良。其实我不想要这样的标签，我只是一个自我麻痹的人。我都没法很好地爱自己，如何爱他人？我不过是陷在执念里拯救自己。我期待有一天我可以把生活的其他方面停一停，转过头关心一下自己，但却做不到。

每每往前一步便能看到社会的更深一层面的现状，那更大的"哭声"就在耳边召唤，我不敢停下。无数个失眠的夜晚，无数个用来擦泪的纸巾见证了我的成长。我逼着自己前进，我想要变得更强大，因为只有更强大才能解决更多问题。

在创业的第二年，我的心理问题终于严重到产生轻生的念头。我不得不重视心理健康问题，我第一次主动给自己花钱和时间，开始固定进行心理咨询，也开始接触教练。

那是我第一次做教练对话，我焦虑极了，觉得自己这样花时间做自我疗愈是在浪费时间，我想赶紧好起来继续工作。那次对话我们做了“生命之花”，教练让我选出12个对人生最重要的价值观词汇。毫无悬念，“社会价值”是我写出来的第一个词，但在教练让我把这些词一个个从生命里删去时，我的心紧张起来，我会选择怎样的人生来度过呢?

最终在“社会价值”和“生活审美”中我选择了“生活审美”。那一刻我热泪盈眶，我真的为自己高兴，为自己可以至少在选择上做到爱自己一点而欢欣鼓舞。

## 02 请相信，改变是必然发生的

改变真的很漫长，每一次对话完我心里是会舒畅一些，可过不了半天就又开始抑郁焦虑了。这也是许多人放弃自我疗愈的原因。好在我一直没有放弃，我想那么多年的行为模式肯定无法通过一两次的沟通就轻易改变，自我疗愈之路至少是以季度为时间长度来进行的。

坚持几个月后，我发现自己有了变化，虽然还是很痛苦，但持续时间和程度都减轻了，轻生的念头在慢慢消失。有那么一些时间，我可以自行摆脱负面信念的影响，冷静地分析自己真的需要这样不停歇吗？真的需要这么多资源吗？真的要这么累吗？

带着教练状态中保持开放接纳的勇气，我第一次与合作方完整表达了自己，而不是总想着如果要解决社会问题我就应该更强大，我必须抓住每一个机会，否则就是我不够努力。我不再顺着资源方的想法，不再害怕我可能会失去资源，我说出了我认为的如何做到更好的想法。

沟通完了，对方完全没有听进我的观点。这一次我没有陷入执念，批评自己太稚嫩，没有认为是自己不对。而是意识到这个所谓的大咖或许根本不关心社会问题的解决，这个资源我没准儿根本不需要，有些委屈我也本不用承受。

我真的变了，我可以慢慢停下来，去主动休息了。

我花了很多时间给自己，不带评判地看见自己，看见自己实际的能力，自己实际可以解决的问题，自己喜欢创造价值的领域。关注我的影响圈，找到那些让我享受的，是我的优势的领域。而不是一直挑毛病，把所有的问题和责任都往自己身上背。

经过认真地分析后我决定，我要用我过去的经验，带着团队去一个乡村驻点开展乡村振兴工作。我要弄明白中国基层的运转逻辑是什么，村民们的需求是什么。在这样的生态文明转折之际，我要探寻我们这一代人如何在乡村中找到生命成长和工作发展的平衡。

## 03 我终于成为理想中的领导者模样

为了做到这一切，我坦诚勇敢地去和各种合作方沟通我的计划，最终选择长沙的白箬铺镇来开展乡村振兴工作。改造乡村的闲置空间为“绘乡青年人才驿站”，搭建“青年参与乡村振兴平台”。来自四面八方，不同年龄不同领域，心怀青春的人们来到乡村，贡献自己的力量，寻找生命的答案。

教练对话帮助我找到自己的心，所以为了更好地支持每一个生命活出他们的精彩，我开始了专业教练的成长之路。在开展这些工作的同时，我通过“一行教练”特训营的学习，成为“ 行”的认证教练。驿站工作如火如荼地开展，许多青年来到村里，我开心地用教练对话帮助他们找到自己的生命答案，共同建设我们的理想家园。

但随着乡村振兴工作的不断深入，我们面临了更为复杂的难题：

因为我们和高校开展合作，许多不是出于主观意愿而是因为学分压力被迫来村里实践的青年，他们的工作态度并不积极。

乡村振兴要带动村民实现乡村现代化，我们需要与办公软件都不会使用的村民进行沟通，获得他们的配合与信任，甚至要在国家的大规划下引领他们创业。

乡村振兴工作总是涉及多方错综复杂关系，有时候还有土地纠纷和看不见的熟人社会背后的利益网。

面对这样的情形我要如何应对？在这个创新的领域没有多少可以借鉴与参考的经验，这时我想到教练思维在更广泛领域的运用。

我感觉暴暴的状态就是我理想中好领导的模样，“一行教练”俱乐部的工作氛围就是我理想团队的样子。为此我成为“一行教练”俱乐部共建合伙人，发起并主理了《一行教练说》节目，近距离感受暴暴教科书级别的教练式领导力的熏陶。我成功入选并通过了二模的魔鬼学习，通过了ACC的口试，我也不断深化了对教练的理解。

在许多复杂的两难情况，我都尝试用教练的思维等方式去破题。

我和消极青年去谈心，不评判他们而是单纯倾听。了解到他们每天需要提交烦琐的资料，苦不堪言，因为感觉都是形式主义所以不积极。于是我向他们讲述了工作背后的定位和价值，全局的愿景，以获得他们的理解。我们一起友好协商，大家可以在某些部分大胆

“划水”，而我们不会扣分，但重要的部分一定要做到位。

和村民的动员会议我运用三脑原理，首先建立信任和释放亲和友好的态度，而不是直接聊大家听不懂的事情。让人们处在安全的环境里才不会被情绪控制，从而说出真实的想法，并做到“图像脑”般具有创造力的运营。

无论面对什么规模的合作，我都不强求，心胸豁达开朗。模糊的内容就通过提问来厘清，梳理每一方的边界、需求。先不考虑结果，而是真诚地理解大家的立场，去寻求一个共赢的结果。

这就是我的自我成长之路，这条路很难很漫长，但改变一定会发生，我终于停止了对意义的盲目追逐，可以享受存在本身。

于是突然有一天我惊喜发现，4岁那年变灰的天空，重新变成了蔚蓝色。

仅仅是安静地在驿站花园坐着，我都感到无穷的力量。我终于看得见天空的蓝色，闻得到花香，感受到微风轻抚。这一直存在的世间万物原来竟是那么美好。

# 明明

**翻转生命底层模式**

**重识自己，探索自由之光**

## 明明

“一行”一星教练

女性成长教练

行动教练

群青女性成长学会共创成员

从工程师到全职妈妈，从全职妈妈到职业教练，这中间我到底经历了什么？让我从麻木无助的人，变成一位如今活力满满，以助人为己任的乐天派教练。

## 01 人生第一次至暗时刻

2021年6月，为了照顾一岁多的孩子，我从工作了快6年的单位正式辞职。一开始还挺开心的，不用上班打卡了，还出去逛了几天。镜头里的自己，圆脸胖身，这都是生育造成的，虽然产后一年多脸上依然还有浮肿，但我从来没有后悔过，育儿的幸福远远大于这些，我都接受。

但我不能接受的是，家里的日子越来越紧张，经济环境真的影响到我们这个小家。孩子越来越大，要报培训班，要上幼儿园，再加上老人等多项开支，仅凭老公一个人不稳定的工资，难以支撑起我们的生活。

考虑到要照顾孩子，不能出去全职工作，我就想着找份线上兼职。没想到从此掉入知识付费的漩涡，开始了疯狂买课之路。淘宝、小红书、公众号、视频号等渠道，市面上我能看到的且想学的课都买下来学了一遍。

每个项目一开始我都是信心满满，执行力满满。因为没有社群就是买个课自己学，每天脸都不洗就开始学了，有时间就做产品图、做视频，这对我来说没有什么难度。这个过程没有反馈，没有收入，也没有同伴讨论鼓励，就靠自己撑着，偶尔能挣几十块钱。

看不见希望就换个项目继续，做了很多项目都不成功的时候，我开始怀疑自己，为什么别人可以成功，就我不行。我每天机械地输出已经快受不了了，我不知道做这些意义何在，它们一直在消耗着我，让我越来越浮躁。看看我的样子，每天头不梳脸不洗，穿着邋遢的睡衣，眼神空洞，身后是一个哇哇大哭的孩子。

就这样，我学了一年多就什么都不想学了，就想着干脆躺平算了。之前之所以愿意起早贪黑，是以为可以让自己和孩子过上好的生活，现在是娃没照顾好，钱没挣到，还把自己搞得快抑郁了，不想出门，不想见人。

但人真的能躺平吗？白天浑浑噩噩，一天怎么过去的都不知道，只是麻木地带孩子、做饭、洗衣，内心一片死寂；晚上躺在床上睡不着，不止一次偷偷跑到阳台望着窗户……

我不知道自己活着的意义，但又没办法想象孩子没了我要怎么办，就只能先这么熬着。日子一天一天过去，我以为自己会在这种窒息中慢慢干枯。

那种感觉就像被封印在一个黑暗之地，不知道四周有什么，什么都感觉不到，头脑中只有一个声音，不能停下来，只能机械地往前走，不知道背上有什么东西压下来，也不知道自己是谁，在哪里，完全处于混沌的状态。

直到2023年初夏的一天，无聊刷手机的我，看到K叔发的朋友圈，介绍暴暴的教练直播。具体的直播内容我已经记不清了，但是看到暴暴那种真诚自在的状态，说教练可以成人达己的时候，我的内心有了波澜。才知道原来心中那颗想要改变的种子一直在，一直在等合适的时机和土壤，看来现在是到时候了。

真的是时候了吗？我还是怀疑，这跟之前那些又有什么不同呢？还不是一样？就这样我又开始了挣扎、犹豫。如此几天，我还是想给自己一次机会，最终报名了第10期教练特训营（一模）。

## 02 从逃避想退课到主动对话

教特营的日子并不如我想的那般神奇美好，还没怎么学就要开始对话练习，我很抗拒，不想跟人说话，也不想写作业，只是看着群里小伙伴们的热情劲，硬着头皮约了一场。

没想到就是这一场，让我退课的心思都有了。对话前刚跟家人吵了几句，孩子没人看管，我的心情很是不好，感觉没有人支持自己做的事。当对话中听到教练伙伴问我一些事情的意义价值时，我想不到有什么价值。第一反应是自己为什么这么差劲，连早起都做不到，还要靠对话来解决。为什么别人轻松做到的事情对我来说这么难，我陷入无尽地自责和批判中，无视教练的提问，问什么我都没有反应，就这样匆匆结束了第一次对话，并且再也不想练习了。

夜里，我躺在床上辗转反侧，想着：难道就这样放弃吗？继续过以前那种日子？我在心中呐喊："不，我不要！既然如此，为什么不抓住这次机会？成长哪会一帆风顺？再拼一次，一次就好。赢了自然是好，输了也不留遗憾。"

我就这样给了自己再次尝试的机会。第二次对话终于来了，我做了很多准备，抄写了流程和话术的笔记放在旁边，还放了杯水等紧张的时候喝。到现在我都记得，我当时的心率飙到160，手表提醒的时候吓了一大跳。好不容易坚持完对话，才发现裤子都被汗浸湿了，这才是四月，还没到夏天呢！虽然非常紧张，但感觉还不错，不那么紧绷了，对话也不那么抗拒了，可以跟别人进行顺畅交流了。

就是从这场对话开始，我给自己加油打气，想要看看能不能从生活的打击中站起来。我作业越交越早，还跟小伙伴比赛排名。不但在小组群约对话，还会主动去大群链接小伙伴。早上5点起床准备早上6点的督导，对话完了还要聊个不停，经常一拉会议就是三四个小时。结营的时候纯对话时长（教练和客户）已经达30小时，不断提升的教练技能，也让我顺利通过考核拿到认证教练证书。

拿到证书的这一刻，我表面平静，心中早已燃起烟花！因为我向自己证明了我能赢，这是几年来唯一一次坚持到最后并拿到成果的课程，我终于可以大声对自己说：明明，你不差，你可以的！

回看这段旅程，我也在复盘为什么那么不喜欢写作业的我可以坚持下来。通过对话记录表和感受，我看到在这个过程中，我不但跟人有深度的交流，也陆续解决了早起、拖延、亲子关系等生活难题。

生活中，我不再爱生气，有了情绪会让自己先缓缓，不急于暴躁输出，会去寻找情绪背后是哪部分需求没有被满足，看到它并接纳它，以更好的方式满足它。

## 03 成为“一行”一星教练，开启闪闪的助人之路

训练营结束刚好迎来教练节，我兴冲冲地参加活动打卡，同时

对于探索自己充满了兴趣。做了很多测评，包括MBTI、荣格八维、盖洛普等，大半夜我还在看测评报告，兴奋得睡不着觉，感觉一切都不同了，原来我是这样的，以前的自己到底是怎么活的呀？！

趁着这股劲头，我抱着试试看的态度报名了11期的教特营助教，为了满足教练时长，临近一周疯狂开展对话，最多的一天做了5场，时长达标，没想到最后还真被录取了，在此，感谢运营组的看见！

当助教需要突破很多，要主动做破冰链接、去答疑、去点评作业等，还经历了一次在沙漠里半夜点评。帐篷中昏黄的灯光，还需要手电筒加持，我在那打字点评作业，家人在外面看美丽星空，现在想来还怪浪漫的，最终收获了学员不错的反馈，得到了团队的奖励。

经历了这些我就准备歇歇，没想到一歇就是几个月。期间，我被第三期ACC直通车（二模）录取，就这样等着开营时间。

在离开营还有半个月的时候，我跟我的督导师通了一次电话，短短10分钟就让我从低迷的状态振作过来。她本身就是一个行动和情绪教练，我大受震撼和鼓舞。

就这样提前开启了二模状态，早上6点督导或者对话，坚持了4个月，学习时长累积300小时，对话互练100小时，最终通过录音考核拿下一星教练。

跟一模相比，不单是时间更长，过程中跌宕起伏的心境历程更是让人直呼刺激。我不止在教练技术上有了精进，更多是对自己有更深入的探索看见，了解过往处事模式，满怀希望地走向未来。

还记得第一场团体督导，当督导说从我这感受到期待，还有非常辛苦的生活模式时，我哭得不能自已，被人深深地看见、包容和抱持，原来是这种感觉。我哭的是自己的辛苦委屈，也哭自己的收获喜悦，果然做教练就是做自己。这一切会在对话中完全真实地呈现，是那么不可思议却又充满合理性。

虽然已经过去两个月了，但当时探索的那些画面还清晰地留在我的脑海中，每每想起还是很激动。那些画面无一不在告诉我，只有我能救我自己，也请我一而再、再而三、千千万万次救我于黑暗中，永不放弃！

结营仪式上我又哭了，好像学习教练这一年，我哭的比过往几十年都多。有看见自己的苦，更多的是感动，我遇到了一群多么可爱善良的人呀！他们总是这么无私、利他，让我这颗坚硬的心越来越柔软，身上的硬壳也在一点一点脱落。我开始拥抱世界、相信别人、畅享未来。

一路走来，我帮助自己以及40多位伙伴调整状态，提升能量，收获了平和笃定的状态。

现在的我是一名“一行”一星教练，结合自己作为全职妈妈的自我探索或者说是自救经历，致力于女性成长领域，陪伴姐妹回归自我，找回内心的力量，从内而外绽放，找到自己的人生意义，大胆追求自己想要的生活和生命状态。

# 萧萧此君

**微光成宇，**

**在平凡中发现不平凡**

## 萧萧此君

成长教练

管理咨询师

行动学习促动师

坚持阅读 1300 多天的持续学习者

我出生在农村，无背景无资源，学历也是普通得不能再普通的二本。毕业那年在朋友们都选择在小县城谋个一官半职的时候，我来到一线城市，没有情怀没有梦想，就想凭着一腔热血去闯一闯，看看这灯红酒绿的大世界里有没有我的那束光，看看大人口中所说的出人头地到底是什么样。

## 01 年轻时没有选择，只有试试，再试试

我什么也不会，什么也没有，唯一能看得过去的优势就是大学学了4年的专业——人力资源管理，那就从HR开始吧，有一点优势总比没有好。

于是，在这个陌生城市，开始了我的求职之旅。然而残酷的现实告诉我，那一点点的优势，在这个竞争激烈的大城市里，渺小如细沙。大厂要求985、211，小厂要求有经验，难道我的那束光就这样熄灭了吗?

还好，在一边自我怀疑一边努力投简历的过程中，终于有一家小企业向我抛出了橄榄枝，而我凭借着谦卑好学的态度，打动了当时的人力资源总监，拿到了offer。

我入职后每天兢兢业业，基础工作上手比较快，也慢慢找到些自信，相信我的努力一定会在这家公司站稳脚跟。然而事与愿违，不久公司要做绩效变革，本以为可以发挥我的专业特长，结果我的那些理论知识仅仅是理论知识。理论派不上用场，执行还要手把手教，带我的主管很快就对我失去了耐心，我被调岗为行政了。

好吧，接受吧。反正中小企业，行政人事不分家，多尝试一个岗位以后就多一份经验。可是，我的行政工作多到手忙脚乱，每天都被缠在订中午饭、打印文件、买厕纸、买文具等各种琐事里。同时，公司取消了人力资源总监的岗位，当初被我打动的那个人力资源总监离职了。我好像看到10年后自己变成一个忙忙碌碌的行政大妈，那束光又有点黯淡了。

我学了4年人力资源难道就为了做这个？不，我不要，我不要让这一切发生！

好巧不巧，那个人力资源总监在新的单位再次向我抛来了橄榄枝。那是一个看起来很厉害的行业，我有点忐忑，怕自己被嫌弃，但是以前大学专业老师说过，有机会要去咨询公司历练一下，这会比在甲方成长得快很多。于是我进入了咨询公司，从此命运的齿轮开始转动。

## 02 看不清未来，就比别人坚持久一点

这个看起来很厉害的行业，真的很厉害，差不多同时间入职的咨询助理们不是海归就是研究生，我真的普通得不能再普通了。我只能好好学习，毕竟能进来已经很幸运了。

这里的工作模式和上一家公司真的很不一样，入职一个月，公司里的人都还没认全，每天来公司看到的都是不一样的人。因为除了行政岗位，其他人都在项目上。同时间入职的伙伴们都陆续做起了项目，只有我闲得无事可做。

我假装忙碌地上班打卡生活持续了半个多月，我觉得我快要坚持不下去了，这比在琐事里忙得不可开交还要难受。如果一个月之后公司还没有让我跟项目，我就另谋出路吧。

不知道是不是公司听到了我的心声，在快到一个月的时候，我被安排进项目组学习，而且是跟着我的老领导。项目交付的速度让我猝不及防，感觉我才听到发令枪响，他们已经到达终点了。

后来，我真正离开我的舒适区，被正式安排到新的项目组，踏

上如履薄冰、斗争不息的艰难困苦之旅。在新的项目组里，和我一起担任咨询助理的是一名海归，而且是一位高傲的海归，所以你可以想象人傻话不多的我，在那段日子平白受了多少委屈。

这倒也没关系，虽然委屈，但也怪不了别人，谁让我没有人家优秀呢？最难的还是做方案，总是通不过，而我的项目经理又很有耐心，就算是讲解到半夜，也要让我理解了再自己去改。当时我很不能理解，明明他自己几分钟就能改完的东西，为什么要让我反反复复地去改呢？现在想来，能遇见这样愿意“授人以鱼，不如授人以渔”的领导，是何其幸运！但这是当时的我不能理解的，所以只能一边生领导的气，一边抱怨自己的无能。

在这个过程中，我不断自我否定，加上那位海归同事的各种轻视，我越来越看不到自己的价值，我的能量一点点消耗光了，我想我可能不适合这行吧。

在一次领导和客户沟通的过程中，我默默帮他把茶水换成了白开水，因为他以前说喝茶水容易让喉咙干。就这样，我的一个无心之举得到了夸赞，我的价值被看到了。

这时，我又想起老板开会的时候刚说过的，做什么行业至少需要待3年，才能摸清它运行的底层逻辑。我既然来了，还是给自己3年时间吧，如果3年后我没有取得什么成就，要么是我不适合这行，要么是公司的环境不适合我。3年后是灰头土脸，还是光芒万丈，就交给时间来书写答案吧。

在接下来的时间里，依然感到委屈和痛苦，但我心怀希望，勇往直前。就这样我一点点积累经验，一点点尝试，一点点超越自己，凭借着坚持，熬走了那一批海归、研究生，也包括和我同个项目组的那个人。两年之后，我成为公司最年轻的项目经理。

## 03 追光的人，终会光芒万丈

成为项目经理后，我的第一个项目就拿到了续约，这让信心满满的我有点张狂起来，顺利交付了3个项目后，我“成功”被投诉了。回想起来，虽然张狂是不好，但那是成为自己的开始。前3个项目生怕踏错半步，完全按照公司规定的流程来推进。从领导那里学来的方案思路，我一开始只会生搬硬套，后面开始有了自己的主张，发现咨询方案要因时而异、因人而异，于是开始尝试，但是屡试屡败。

我意识到我的经验能解决的问题是有限的，我的能力不足以支撑我所向披靡了。而身边的项目经理们要么是在甲方工作经验丰富，要么是从事咨询行业多年。对于甲方工作时间短，又是咨询行业初出茅庐的我来说，靠等是不可能的，我得主动出击。

于是我开始报名各种学习课程，月薪一万，我能花八千去上课。那段时间是真的疯狂，我切实感受到了什么叫求知若渴。那些课程学习怎么就那么贴合我当时的困境呢？

然而知易行难，学得越多，我的想法也越来越理想化，虽然解决了之前遇到的一些难点，但方案却开始激进起来。心有猛虎，却细嗅不了蔷薇。我的客户们都是民营中小企业，很少有专业的管理者，我那些高级的工具方法，深入不下去，他们又够不到。这道跨不过去的鸿沟把我阻挡住了，我开始害怕接项目。

几番挣扎之下，我选择了离职。正好这时我先生准备和几个朋友一起创业，于是我也跟着入了伙，负责综合管理的工作，给自己定位HROD（Organization Development组织发展岗）。

可是，就是这个错误的定位，让我迟迟没有适应这个小团队。本来为了积累甲方工作经验而加入的，结果只是换了个地方开展咨询工作。这种不适让我又想去寻找新的机会，我面试了很多工作岗位，经常是拿到offer后又反悔。导致时间都用来内耗了，在团队中的产出极少。

直到一个偶然的机会，我遇见教练，我的状态逐渐趋向稳定，慢慢看清了自己内心真正的需求。特别是对话最后那一句："你可以做的一小步行动会是什么呢?”这个问句每次都能像丘比特之箭一样戳到我的内心。即使对话了那么多次，自己对教练流程和话术很熟悉的情况下，仍然会被戳中。

持续的对话，让我终于在小小的团队里找到了我大大的价值。坚持每日百问，让我做事越来越接地气。我抛掉了学来的那些理论和那些工具，从事情本身出发，以解决问题为目的。渐渐地，问题解决的过程中，不自觉地又用上了那些理论和工具，那种感觉可真美好。

就这样，我的管理理念一步步变得具象化了。虽然现在和我的创业团队还在磨合，我的岗位工作也还在摸索，但是我相信总有一天，我会找到内心中光芒万丈的理想国，成为这个团队里的中流砥柱，带着我的小团队一起穿过创业路上的惊涛骇浪。

现在，我即将迎来30岁，很开心我找到能量满满的自己，并且在大城市里安了家。我想我已经在这个灯红酒绿的世界，找到了引领我勇往直前，永不言弃的那束光。而大人口中的出人头地，我已经不在意了，因为我只想做自己理想国中的国王。

如果你也曾像我一样遇到人生的低谷，请记得一定要多给自己一点机会，试试，再试试！坚持，再坚持！

# 文萱

## 我的教练故事

### 文萱

“一行”一星教练，二模学员准 ACC 教练，教练时长 380+ 小时

职业生涯规划咨询师，咨询时长 1000+ 小时

帮助 1000+ 职场人士规划职业

给 300+ 职高学生授课生涯规划课程

2021年，我参加“一行教练”营开启了我的教练精进之旅。在这之前，我有十多年的HR和咨询经验，也是一名专业的职业生涯规划咨询师，咨询时长1000+小时，为数百位职场人士提供职业生涯规划的咨询，曾经在职高学校讲授生涯发展的课程。

我目前的身份是一位全职妈妈和专职教练，在开启教练学习以来，我已经支持了一百多位客户，陪伴他们探索思考人生/工作/生活等议题。我从咨询的身份转变到教练角色，开启教练学习并深耕此领域，虽然“悟”得比较慢，但持续在前行，感觉还是很开心的。

## 01 教练之“初心”

我十多年的工作基本上都是咨询师的角色，在我做了将近百位客户的回访后，发现真正执行并做到咨询方案的可能不到一半。

我感觉还是很受挫败的，这种挫败感就像一场突如其来的暴风雨，无情地席卷着我内心的宁静；又像是一团厚重的乌云，沉甸甸地压在我的心头，让我的世界都变得灰暗起来。当这种挫败感袭来，我仿佛置身于一个黑暗的深渊，四周是冰冷的岩壁，无论怎样努力攀爬都难以找到出口；它又如同一把尖锐的匕首，刺痛着心灵，让人感到无助与迷茫。

挫败感让我在做职业生涯规划咨询时的自信瞬间荡然无存，那些曾经的骄傲与笃定化作一片片残垣断壁。它让我怀疑我自己的能力，质疑我曾经走过的路，仿佛之前所做的一切努力都变得毫无意义。它还像一只无形的手，紧紧扼住我的情绪，让我陷入焦虑与沮丧的漩涡之中难以自拔。在这种挫败感的笼罩下，失去了笑容原有的灿烂，言语也失去了往日的力量。

然而，正是这种挫败感，也成为我成长的催化剂。它提醒着我要更加努力，去修补那倒塌的城堡，去重新寻找前行的方向。

在与这种无力感和挫败感的斗争中，我开始去复盘如何提升自己的咨询能力，当时正好关注到K叔公众号，里面有一篇文章提到了他是如何通过教练式沟通提升孩子打篮球的兴趣，这无疑触动了我。我感觉我需要学习这个教练技术，来提升我做咨询的效果，于是果断报名。

如果说初始想学仅仅是因为想掌握一项技能以增强自己的专业咨询能力，那在学习教练的过程中，这个初心逐渐淡忘，隐约有另外一颗种子要破土而出的感觉……

## 02 教练之“达己”

在参加教练营学习和实践拿到“一行”认证教练证书后，我并没有开启做很多教练相关的事情，而是更多将教练思维和教练式沟通运用到家庭生活中。

当时我面临一人带俩娃，既要做好兼职的咨询工作，同时又要照顾到家庭的方方面面。从职场精英到全职妈妈，从熟悉的城市到陌生的环境，多种身份角色间充斥着矛盾，我还会不断怀疑自己的选择到底是对还是错……

而幸运的是，接触到教练后，我很好地解决了这个困惑我已久的议题，关于自己的生涯规划，自己想要的人生状态，原来不一定非要选择A或B，而是可以有多条路径！

当我用教练思维再看这个议题时，我可以很笃定，很自信，坚定地选择自己所需要的，那种从上到下很通透的感觉真的是太棒了！

另外，我也将教练思维更好地运用于亲子沟通和家庭关系的处理中，通过规划思维，重新定义自己，跟家人一起做好家庭规划并努力执行，最终达成我想要的内外和谐一致的状态。

分享一个在跟孩子相处中教练式沟通的小故事。我家大宝对数学是有畏难情绪的，想学好，但是不知道怎么学，不像其他科目那样有信心去攻克它。于是我跟大宝进行了一次比较深入的沟通。

我是用在二模学习到的“状态线”这个工具，一步一步引导她去体验感受她想要的那种状态。神奇的是，第二天早上起来，大宝告诉我她要去如何做了，然后还跟我分享了她的计划安排，并邀请我“监督”（陪伴）。

我为大宝拥有这样的状态而开心。遇到困难不可怕，可贵的是拥有迎接挑战的心态，以及知道自己可以如何行动去达成目标，给自己一种切切实实的笃定感。我也相信，这种笃定感的积累终将带给她无尽的力量去应对不确定的未来。

类似的教练式沟通经常发生在我的生活中，乃至于我一发言，俩宝就会用非常一致的口吻说：“妈妈在跟我们做教练对话，真的很好玩。”

我也特别喜欢“状态线”这个教练工具，我会经常用于与孩子的沟通中，也会用于调整自己的工作状态、生活状态、教练状态等。

特别喜欢暴暴说过的一句话：“真正的教练，不只是展示一系列的技术，也不只是说你某个教练对话约谈做得怎样，而更在于作为教练，你一以贯之的，在以怎样的心态来实践教练。”

# 03 教练之“成人”

经过一年的修炼，我实现了教练生活化，我真的感知到通过教练，自己的很多问题都在逐步得到解决。整个人都非常在状态时，我正式开启了我与教练的“成人”阶段。

2022年开始，我做了“一行”108的助教、教特营的小天使、亲子情绪营的教练、108营教练、教特营教研员、二模首期的学员和实习导师等。

同时，通过读书会的分享，我吸引22位伙伴来参加，最终陪伴11位伙伴达成其年度目标。在2023年，我持续为7位伙伴提供长期教练服务。我用教练技术支持上百位伙伴，梳理生涯发展相关的议题，帮助到58位伙伴完成了职业定位和转型。甚至还有职场高管在跟我进行了教练对话后，拉着伴侣做家庭规划维度的教练对话。

我感知到自己可以通过教练的方法影响更多的人。

一位世界500强外资能源企业的某部门总监找到我，她面临着去同产品部门做亚太区VP（副总裁）还是到新部门做GM（总经理）的职业选择。从薪水、发展机会、上级领导等多维度看，这两个选择不分上下。我用教练对话的方式，探索她犹豫点、选择背后的真实需求、选择新机会时看重的因素，用计量尺这一教练工具对重要性因素的权重打分。通过梳理，明确了她真实的需求，并通过体验，让客户真正沉浸在实现的场景里，获得超高能量，最后解决了这个A或B的问题。

对我而言，这不仅仅是一场职业选择的议题，也让我感知到客户的思维、梦想、格局和那份超然。类似话题，我自己也经历过，当以教练的身份面对这样的议题时，对客户有了更多的感知，同时对自己也有了更多的看见和接纳。

我还曾帮一位全职妈妈走出人生困境。她曾是一名职场女强人，回归家庭后产生了种种不适，家庭生活中的无价值感让她无所适从，因此怀疑自己的选择到底是对是错。我引领她看到从职场到家庭的初衷，拉长时间维度去看当初做的这个选择，剖析她真正想要的生命状态是怎样的，家庭给她提供了什么样的支持。她完全沉浸到自己想要的生命状态的体验中，重新获得能量去看生活中的琐事时，有了“一切发生皆有利于我”的信念转变，自然而然有了不同的行为转变。

我在此过程中跟着客户体验了我曾经的经历，对过去的自己有了更多的接纳。尤其是客户从对生活的抱怨到“一切发生皆有利于我”的信念生发，我更加清楚自己现在的选择，对自己想要成为一个有影响力的人的使命更加笃定。

一位我长期陪跑的客户，她说生活目前是稳定的，但自己有一些追求还没有实现，闲暇时能想起梦想，忙碌时只顾工作与生活，对“诗和远方”不敢靠近。我用生命之花的教练工具探索其内在的价值观，使她发现她的人生使命可以是什么，这个探索像一颗种子，在她的心里生根发芽。她明白了自己当下的状态，对自己的所有行为更加清晰，同时也明确了自己可以通过做什么，来给什么样的人群提供自己的价值。

这样的案例我在带108营和年度陪跑会员时感触会更深，通过这样的梳理，我见证了一个又一个的生命绽放。在此过程中，我也绽放了自己的美好人生状态。

## 04 教练之“梦想”

教练是一段很奇妙的旅程，是没有终点的旅程，但非常确定的是，这是会让自己越来越好的旅程，能给身边人带来影响和美好感受的旅程。

作为一名生命教练，我怀揣着对生命的敬畏与热爱，踏上了一段非凡的旅程。

我希望成为那盏照亮人们心灵的明灯，引领每一个在黑暗中徘徊的灵魂找到属于自己的方向。我期待看到每一个人都能绽放出独特的光彩，挖掘自身无尽的潜力，在生命的舞台上尽情演绎属于自己的精彩。

我梦想着打造一个充满爱与支持的世界，让人们不再被迷茫与困惑所束缚。我希望用自己的智慧与耐心，帮助人们化解痛苦与纠结，让每一张脸庞重新绽放笑容。我也期盼着见证每一个人的每一次成长与蜕变，看着人们从脆弱变得坚强，从犹豫变得果敢，生命在风雨中依然能屹立不倒，蓬勃生长。

为了实现这个愿景与梦想，我在不懈努力着，持续用真诚与关爱去触碰每一个生命，用专业的指导去唤醒沉睡的力量。我愿做那默默耕耘的园丁，悉心呵护每一朵生命之花直至绽放，让世界因为我的存在而变得美好与温暖。我充满了对生命的赞美与期许，我将一路前行，永不停歇，为了那美好的未来而执着奋斗。

我相信每个人都可以成为自己的教练，实现想要的美好生命状态。一起加油！

# 任佳慧Julia

## 从平淡到多彩，
## 白衣天使的自我探索与成长

**任佳慧Julia**

三级健康管理师

职场养生教练

12 年外企医疗站保健师

我的青年生活是一部黑白电影，没有任何别的色彩，真正的人生探索之旅是在经历曲折后才开始启程的。

长久以来，我一直习惯于满足别人的期待，附和别人的声音，却忽略了自己的真实需要。

终于有一天，我意识到这样憋屈重复的生活不是我真正想要的，或许我需要跨出脚步，去追寻那个内心深处一直渴望的“丰富多彩”和“自在”。

我踏上了一段找回真实自我的旅程，与人交流不再胆怯、唯唯诺诺，面对困难不再犹豫慌张，勇敢地拥抱每一个可能性。而这个世界，也在我眼前逐渐变得色彩斑斓起来。

如今回头看，那段黑白岁月虽单调乏味，却也成为我日后成长的养分。正因为曾经的匮乏，才让我更加珍惜现在的每一份收获。

## 01 白衣天使的中年转型之路

我从小在一个传统的工人家庭长大，爸妈都是踏实肯干的老实人。我从护校毕业后，就在附近的社区医院门诊从事护理工作。那会儿的我，内向且不自信，没有社会经验，也没什么兴趣爱好，更别提交朋友了，总觉得日子过得平淡又乏味。就像一只鸵鸟被绑住了脚，只能把头埋进沙子里。

于是，一个偶然的契机让我毅然离开了熟悉的医院，开始寻求新的职业机会。由于专业受限，我的求职之路并不顺利，面试了20多次都没成功。6个多月后，我决定自学报考公共营养师，这时幸运之神悄然降临，我收到一家外企的offer，转型成为一名安全健康协调员。

人到中年，为了工作和家庭，我每天都在两点一线的生活中挣扎，常常觉得紧张又疲惫。面对事情总是纠结犹豫，妥协拖延，感觉自己像是被关在一个大铁皮箱子里。直到遇见教练这个职业，生活才慢慢变得明媚起来。

## 02 与教练结缘

2023年年初，由于集团持续推行心理健康的人文理念，为了跟上节奏，部门领导鼓励我去参加一些心理学方面的线下培训，以拓展业务范围，提升全员的心理健康水平。作为企业厂医的我，开始到处搜索各类心理学培训课程，但发现不是课时久，就是收费高，甚至培训机构良莠不齐，一直没有找到合适的培训课程。

那时的我，已加入Kris进化圈两个月，每天坚持写日课复盘。由于自己负责的工作项目遇到瓶颈，陷入低谷，加上发烧初愈，时常感觉压抑和不自信，整个人被不安全感和紧绷感束缚着，仿佛肩膀背上了一个沉甸甸的背包。

春节后，我留意到小助手发送的积分兑换提醒，抱着“试一试”的心情，在进化圈平台用积分兑换了一次教练对话。也正是这场对话让我体验到教练对话的神奇，并对教练这个职业萌生了兴趣。

那次对话，我印象很深。初訫教练耐心地倾听，让我渐渐放松下来，逐步从千头万绪的困惑中，拨开层层迷雾，抽丝剥茧地梳理出自己真正想要探索和面对的问题。那时候，特别希望自己也能成为教练这样的指引者，迷茫时引导觉察自己并赋能别人。

不久，我无意间在公众号上看到了教练营招生帖，后来在三月份教练营招募直播中，暴暴教练自信从容，平和笃定的姿态给我留下了深刻印象。

给你透露一个小秘密，那场直播我居然中奖了！获得一本教练入门书籍《唤醒沉睡的天才》。这让我感觉简直是天意，于是果断报名了教练营，成为第10期特训营学员，开启了我的教练学习之旅。

## 03 放下完美主义心态，相信本自具足

参加完开营仪式和导学课，让我印象深刻的是积极主动的学习心态。任何知识或技能的提升都离不开主动吸收和积极实践，尤其是初期阶段，更要放下顾虑，勇于练习，不怕犯错。第二周，我开始与同组伙伴练习对话，首次对话自己非常紧张，不停地记笔记，生怕漏掉一个关键词。对话结束时伙伴还给予了我鼓励和肯定，这让我感到踏实温暖。

其次，多通道强化输入。我在吸收音频的基础上利用文稿巩固核心重点，通过小组活动内化提问技能，多听实战demo（示范）优化对话技术。学习过程中除了高密度的打卡作业外，社群每周还有小组倾听会和督导会。教研员和同学们都非常耐心负责，学习氛围特别好，彼此激励，互相赋能……

接触教练之后，通过一场场对话，我开始了解到自己之前长期生活在“无意识”中，总想着要为别人做点什么，希望获得别人的认可和肯定，担心别人会怎样看自己，不断批判自己，总是生活在恐惧与紧张之中。

改变过去的模式，就要放下和接纳，直面自己不完美的部分。通过教练营的初阶学习，我感觉自己比以前更从容笃定了。以前一旦遇到紧急任务或突发状况时，自己总会莫名地紧张慌忙起来，由于迫切想把交代的事情做完美，而感到焦虑和犹豫。

现在面对复杂或有挑战性的事情时，心底会涌起一股自信的力量，相信本自具足，意识到“慢即是快，明确方向后再动手去做”，因此行动上就变得不慌不忙，有条不紊起来。

去年组织员工驻厂体检时，我提前召集了志愿组，规划了检查场地和流程，核对了导检单，与体检机构明确了具体细节，确保体检工作顺利有序开展。

正因为心态的逐步调整，使自己在沟通表达上增添了一份笃定和果断。去年年底我主动报名参与了公司内训师宣讲会，在会上沉稳自如地表达，给参与活动的同事们留下了好印象。

随着自信力渐渐增长，幸运和机会也悄然而至，去年9月我作为嘉宾之一，参与了俱乐部第十六期“教练说”直播，分享了读书感悟和收获。第一次参与直播连麦，虽然我有些紧张，但难掩内心的期待和兴奋，在主持人的引领下，我调整了表达节奏，最终顺利完成了连麦分享。

## 04 跨越挫折，重获勇气和自信

在教练营期间，除了完成训练营作业外，我还面临着备考健康管理师的双重压力。随着考期日益临近，心里愈发感觉到焦虑、紧张。望着厚厚的专业教材和一百多节视频课件，我却根本无法静下心来专注复习。

坦白讲，这次已不是我第一次参加该考试，上回考试还是在两年前，结果由于成绩差了两分而没有通过。自那以后，考试就犹如一块砖头堵在我胸口上，挥不去又移不开。

为了跨越这个心理障碍，我和小伙伴邀约对话了一场，通过自我探索，明确了职业资格考试对我的价值和意义，拟定了应对考试的冲刺行动，并梳理出自己能用来复习的碎片时间，如晨起上班前、通勤路上等，这些提升了我备考的信心并增强了我学习的动力。

一个月后，我从容自信地步入了考场。后来，当查询到成绩合格的那一刻，我感到既欣喜又感动。是教练，让我勇敢地跨出了舒适圈，重新拥有了面对挑战的勇气和信心。

## 05 拓宽开放认知，坦然悦纳自己

教练方面的学习拓宽了我的认知面，激发了我对事物的探索欲和求知热情。我觉得外界一切事物变得新鲜，并对它们产生好奇，能够不经意间发现身边的小美好。比如傍晚天空变色的云朵、街角含苞欲放的蔷薇花、店铺门口伸懒腰的猫咪等，处处充满着惊喜和愉悦的瞬间。

以前我常常会以自身的评价和经验来解读和判断事物。学习教练方面的知识后，我开始以客观的视角去看待周围发生的事物，尝试换位感知，这样更能体会到对方的需求和感受，容易接纳和理解对方。当情绪陷入内耗时，我会通过写觉察日记，来看到我做事背后的期待和需求，认识到隐藏在行为底层的信念，从而深入理解自己当下的反应和行为；同时透过信念，发掘出自己的潜在品质，认可并欣赏自己的长处，更理解、悦纳自己。

通过第三视角观察记录，抽离地看待引起情绪波动的事件，识别出责任和边界，感受到自己当下的需要，并调整到新的视角，及时领悟转念，消解平复情绪，更快地推进自己由感受层到行动层的过渡。当自己站在一个更开放的视角观察事件时，会萌生出一些新的观点和看法，对他人的反应自然也就释怀了。

有次项目推进不顺利被领导批评，感觉烦闷委屈，回家路上我就随手打开手机备忘录，写起觉察日记，感受思绪自然流淌出来，写完后自己顿时感觉平静放松下来。

生活上，和孩子相处轻松了，亲子关系也更和谐了。有次周末陪孩子在院子里收集果实，孩子指着一株植物问我："妈妈，这是什么植物呀?""这个妈妈也不了解，我们等会儿上网搜下。"我不紧不慢地回答。我能够坦然承认自己植物知识的匮乏和无知，这是直面自己的勇气，也是教练学习带给我的力量。

## 06 突破固有信念，联结真实自我

说到教练学习的作用，不得不提《高绩效教练》这本书，那是我在樊登书店淘到的珍藏版，读后使我深刻体会到教练的本质。即相信对方的潜能，对象有意愿获得改变和提升，正如书中作者提到的"唯一能够限制你的是目光短浅和自我设限"。只要我们破除限制性信念，就能够与更高维的自己联结，从而找到解决问题的办法。

我开始主动突破舒适圈，尝试不同的兴趣体验。以前，体育运动是我的薄弱项，尤其是力量型项目根本坚持不下来。今年春节后，我报了个普拉提线下班，业余时间练习，增强身体核心力量。此外，我还体验了爵士舞、打拳等跨界新事物，丰富了自己的业余生活。

“成长就是改变，改变需要勇气，从已知踏入未知。”当我重新认识自己，联结到真实的自己，感受到前所未有的自在和踏实。这是教练学习带给我的礼物，相信在读这本书的你也能够活出平和、笃定、自在、丰盛的姿态。

# 九华

## 学习改变命运，教练成就未来

### ——从工程师跨界到生命教练，持续学习是源动力

**九华**

8 年结构工程师

“一行”对外教练

教练时长 80 小时 +，陪伴 50+ 客户获得成长

ACC 持续精进中

是什么让我有了从工程师跨界到教练的勇气呢？那就是持续学习。

通过学习，我从家乡小山村来到美丽的岳阳开启大学生活；通过学习，工作三年后实现自己的深造梦想；通过学习，结缘“一行教练”，改变了自己的生命状态。

无论是在学生时代还是工作之后，持续学习都是保持竞争力和适应时代变化的核心能力。

## 01 学习改命，让我见到更广阔的世界

我出生于湖南涟源的一个小山村，上大学之前去过最远的地方就是高考的考点，那是一所位于市里的高中。

来到大学报到，是我第一次走出山村，见识到外面更广阔的世界。第一次坐火车，第一次看到美丽的洞庭湖，第一次来到岳阳这个美丽的城市。

大学第一年，父母借遍了所有亲戚的钱，东拼西凑才凑足学费。第二年实在凑不出学费，正准备辍学回家时，大学班主任得知了此

事，毫不犹豫地帮我垫付了一年学费，然后帮我申请助学贷款，解决了我的后顾之忧。家庭物质上的困境，让我更早的独立，通过勤工俭学，周末做家教来赚取生活费。通过认真努力地学习专业知识，我的专业课成绩名列前茅，并拿到奖学金。这是我第一次见识到知识的力量，意识到学习正在一点一点地改变着我的命运。

来到学校的第二个冬天，特别寒冷。当时穿着小姨送给我的一件粉色的丝棉袄，还是挡不住冬天的寒风，可我舍不得花钱去买一件更厚实的衣服，结果冻感冒了。当被同学架到医院输完液后，我咬咬牙去“真维斯”买下了人生中第一件羽绒服。那件紫色的羽绒服对当时的我来说有点小贵，但是真的很暖和，那个时候我意识到健康的重要性。

在老师、同学的支持和帮助下，4年美好的大学生活很快就结束了，随后我就上班工作了。当时的我们赶上了行业发展的一段比较好的时候。加班是常态，不懂的就问，需要新技能就学，我通过自己不断的努力，凭着吃苦耐劳的精神，从助理工程师成长到工程师。

毕业3年后，我终于还清上学时所有的借款。但工作之余的学习，我也丝毫不敢懈怠。因为我心中那个想继续深造的种子萌芽了。我有一个考研的梦想，这颗种子一直种在心里，默默积攒着力量。当卸下还款的压力以后，那个种子就破土而出了。

不顾周围同事费解的目光，也没有听从朋友的好心劝诫，我毅然辞掉了工作。彼时的我，已经组建了自己的小家，在娃半岁时，带着家人的支持和理解，我回到大学校园，开启我全日制深造之路。

工作3年后重返校园，我深知这个机会来之不易，特别珍惜在学校的学习时间。不管是专业课还是公开课，我都是坐在第一排，贪婪地吸收着知识，认真地做笔记。除了上课，我就待在工作室，查文献，做数据分析。每个学期我还积极申请助教的岗位，让自己在经济上能自给自足。

充实的3年过得很快，站在一个新的起点，毕业后我从设计院转行到了地产。我在工作之余也依然保持学习的习惯，考取了相应专业资格证书，精进专业技能。

## 02 从“优秀员工”到“被优化员工”

转行地产之后，从项目初期的地块规划设计，前期的小区初步设计，到施工图设计，然后再到项目施工时的各种设计服务和项目管理等工作，我兢兢业业，不敢有丝毫马虎。开会、加班、跑工地、跑设计院，与各方协调，还有对部门的各种文档资料的管理，每一项工作我都认真去推进，多次被评为“优秀员工”。本以为只要自己认真努力地去工作，就能取得想要的成果。

但是行业开始下行，项目开始缩减，公司开始裁员。时代的洪流下，没有任何人能够独善其身。昔日的优秀员工，也赫然出现在优化名单之上。尽管我心中有不甘，有失落，会反问自己“为什么是我”，但却无力扭转残酷的事实。

而这仅仅只是一个开始，随着时间的推移，周边的同事和朋友一波一波地下岗。岗位越来越少，已经超过35岁的我很少有适合的机会。

回归家庭后，我感觉到更大的压力。老话说三个女人一台戏，青春期的老大，处于叛逆期的老二，再加上更年期的我，我常常因为一件事儿不对付，就和她们吵得鸡飞狗跳，着急上火。

温柔平静离我愈来愈远，扑面而来的焦虑、暴躁、歇斯底里，仿佛要把我吞没。晚上睡眠质量越来越差，经前综合征越来越严重。眉头越皱越紧，让我感觉很难有一天舒心的日子，感觉自己与笑容已经绝缘了。

在某一次与老大的冲突中，她哭泣着喊出：“你不要将自己的怒气发泄到我的身上。”如一声惊雷，惊醒了我自己，把我从活成自己讨厌的样子的路上拉了回来。

我开始反思自己的行为，觉察自己的情绪，寻找引起情绪的根源。念念不忘，必有回响。在这时，我接触到K叔的亲子情绪管理营，如同快要溺水的人抓到一根救命稻草，毫不犹豫地报了名。通过理论的学习，方法的实践，自己在情绪管理这一块有了很大的进步。孩子们惊讶于我的转变，我也看到了重生的希望。

## 03 与“一行教练”结缘，开始触底反弹

与“一行教练”结缘，始于我2019年参加读书会，全勤打卡获得的一次对话机会奖励。蓝琳教练给我做的对话，虽然具体的对话内容已经不太记得了，但对话完自己能量满满的状态，让我埋下了对教练对话好奇的种子。

然后我参加了30天自律营，小果教练的对话，让心里那个好奇的种子继续萌发。

再到情绪管理营，随营安排有两次教练对话，在开营和结营各一次。通过这两次对话，我再一次深刻地感受到教练对话的魅力。当时我的教练是Laura教练，她的温暖柔和，让原本不怎么爱表达的我，都能在她面前放松倾诉。她简洁有力地提问，引发我积极地思考；她切中要害的反馈，让我觉察到自己内心的渴望。至今我还清晰地记得她问过我的一个问题：你觉得什么是你自己能够掌控的

呢？当我回答完这个问题后，我突然对亲子关系有了豁然开朗的感觉，不再去背负孩子的责任。而卸下包袱以后的自己，也能以更轻松的心态与孩子们相处，亲子矛盾肉眼可见地减少了。与孩子们相处越来越融洽，自己的情绪越来越平和稳定。

尝到教练对话带来的甜头，我心中便萌生了约长期对话的想法，但动辄数千元的长期对话，让我感觉经济压力还是有点大。刚好此时，“一行”618活动开始招募教练特训营的学员。听完暴暴的宣讲，感觉暴暴散发着自信的光芒。温婉、笃定、平和，感觉那就是自己想要达到的状态。于是我便果断报了名。

## 04 教练改变生命状态，活出自己

2023年12月，我加入第13期教练特训营，开始正式学习教练技术。经过49天的沉浸式学习与实践，我顺利毕业了，并如愿通过认证，成为“一行”认证教练，迈出了九华教练精进之路的第一步。

刚入营还是迷茫、混乱的状态，但我通过一次又一次地当客户做教练对话后，困扰自己的卡点一点点地被破除掉了。我重新找回对生活的信心和热情，慢慢厘清了思路，也找到自己真正想要做的事情：在教练的路上长期坚持走下去。

我以前很容易生气，都不怎么会微笑，现在调节了自己的心境，自己的情绪状态得到很大的改善，不再抱怨，情绪趋于平和。通过坚持写觉察日记，及时梳理当日的情绪状况，我提高了自我觉察的能力，在有情绪波动时，也能尝试去调节当下的状态了。

我与孩子的相处也更融洽了。我运用教练五大原则，面对孩子的一些状况时，能学着慢慢放下担忧，开始相信孩子的潜能。我学会慢慢放手，适当引导而不是强制要求孩子做什么，更温柔而平和地与孩子沟通，慢慢减少自己的主观判断，多询问孩子的想法及其背后的需求动机。当自己面对某个问题没有想清楚时，会坦诚地告诉孩子："妈妈现在还没有想清楚，现在还不能给你答复，你让妈妈先好好思考一下。"当需要拒绝孩子的某个要求时，也不会生硬地去拒绝，而是会讲清楚原因，更柔和地让她去接受。

我改变了与老公的沟通方式，从隔三岔五就冷战甚至有点心灰意冷的心理状态，到现在大部分情况下能和平交流，偶尔还能谈笑风生。这对我自己平和的情绪也带来正向促进。是什么让这个转变发生呢？在对话中我看到老公种种行为背后的需求，他只是需要找到他的存在感，需要感觉到我对他的关心和在意。当我看见他背后的这些需求以后，我就反思我自己对他的回应是什么，及时去调整自己对他的回应方式，两人之间的隔阂因此消除了，沟通方式也就随之改变。

一句话，49天的教练营，让我情绪更稳定，能量状态更好了，给了我一个全新起点，也开启了我的教练修炼之路，我要朝着下一站里程碑前进。

我随后加入“一行教练”俱乐部，参加第五期35天对话实战营。我突破了两大卡点，一个是不敢去对话，我开始能放下执念，勇敢迈出脚步。另外一个是害怕约不到客户，我开始能积极主动去约对方。

我还收获到一个大惊喜，即被选为运营团的成员。你所有的行动和热情都会被看见，这种被看见的影响，总是在的，或早或晚。

教练生活化，让我看见自身的很多固有模式，打碎了一些自身的枷锁。虽然有时也会倒退回之前的状态，但在那个当下能及时觉察到。

我目前正在ACC直通车，持续精进教练技术，预备一年之内成为ACC国际认证教练，三年之内成为PCC国际认证教练。目前我正在学习优势分析，未来将结合教练技术，形成自己的教练对话方向。

《我的阿勒泰》中有一句经典台词：再颠簸的生活也要闪亮地过。在芸芸众生之中，我们每个人都是其中平凡的一员。但即使再平凡，每个人也都是独一无二的个体。只要我们保持一颗积极向上的好学之心，我们都可以活出自己想要的样子，过上属于自己的闪亮生活。

# 游离

## “中年少女”如何从困境中突围


**游离**

“一行”一星教练

准 ACC

从事金融业 15 年，中层管理者

我是一个农村女孩，在家中排行老三，前面有两个姐姐。我从小就听村里人和亲戚说，爸妈期待我是一个男孩，可生下来还是女孩，为此爸妈还被罚款1500元。在20世纪80年代的农村，1500元不是一个小数目，爸妈只是普通的农民，是跟亲戚借钱交的罚款。从小到大，虽然父母从未因为我是女孩而亏待我半分，但是那份不是男孩的遗憾已深深烙在我的心上。从小我就知道一定要努力，想告诉所有人我不比男孩差。因此养成了好强又自卑的性格，对外想证明自己，对内又会不断批判自己。在这样纠结又拧巴的成长经历中，年岁越长，就越渴望寻找内心的平静。

## 01 与教练的相遇与重启

2020年是我第一次遇见教练，在好奇心的驱使下，报名参加了"一行"第三期教练训练营，当时学得特别努力和认真，好不容易才拿到认证。在最初的兴奋劲过去之后，因为不敢去约对话，就悄无声息地放弃了。现在想来，当时没有坚持下去，主要是目标不坚定，对于走上教练之路还是心存疑虑的。

直到2023年4月份，偶然听了暴暴的一场直播后，激情迅速被点燃，立刻去找暴暴咨询，重新参加了复训，成为第10期教特营学员。时隔近3年，重新学习教练，重新审视自己，人生好像找到了方向。

重新遇到教练，虽然也会有遗憾，想过如果当初不放弃坚持到现在，情况一定是不一样的。但是世上哪有那么多如果。此时此刻再次遇到教练，应该是天时地利人和。首先，我的人生进入不惑之年，忽然一下子就从追求外在物质，开始产生向内探索的欲望，感觉人生进入一个新的阶段，对于好多事情的看法都变得不一样了。

2023年是我进入40岁的第二年。曾经30多岁时候的焦虑在我进入40岁以后好像不同程度地消减了很多。40岁以后反而更坦然了，可以大方地跟别人说我40岁了。我都已经40岁了，人生已近过半，为什么还要委屈和难为自己呢？大多时候一想到这里就没有那么多的焦虑了，开始跟自己和解了。人至中年，也越来越感受到回到内心花园的使命感。眼瞅人生过半，竟然不知道自己是谁，不知道未来的人生方向，那活这一遭岂不是太可惜了？

作为两个孩子的妈妈，生活有了双重负担，又因为生孩子太晚，等自己退休了，二宝还未大学毕业。孩子还没长大，自己就老了，因此我内心担忧万分。希望孩子眼中的妈妈是一个对生活、对生命充满好奇，不断探索和精进的人。

中年女性，不可避免地会面临职场危机。我在银行工作近15年，只是一个小中层，所在单位不过是一个小小的村镇银行，而村镇银行也面临改革。想到一旦改革，最先淘汰的一定是临近退休的这些人，毕竟哪个单位不喜欢年轻人呢？更可怕的是再干个七八年就要退休了，50多岁就退休，想想都可怕。

我知道教练可以助我找到自己，看到自己真正想要的是什么。也希望通过教练学习开辟自己的副业之路。而教练是一个滚雪球式的职业，所以，很庆幸我的教练学习之路重新开启了，而且我也有信心能够持续坚持下去。

## 02 一个教练小白的探索之旅

为了持续精进自己的教练技能，我继续参加了"一行"的ACC直通车（简称二模），正式踏上了这场教练之旅。

整个二模期间感受最深的莫过于对教练状态的感知了。刚进二模，发现伙伴们都这么厉害，时长基本比自己长，跟谁对话心里都打鼓，人家教练状态比你稳，你能行吗？跟没进入二模的伙伴对话，心里同样忐忑，你既然都进入二模了，那肯定是有一定实力的才能入选，你这个状态不会让人笑话吧？各种各样的自我怀疑，伴随着期待，每天在心里回荡。最初阶段几乎没有坚持走到最后，基本做到一半就不得不放弃对话了，脑子里的各种声音和批判让你根本就听不见客户在说什么。感觉自己在爬一个很陡很长的坡，爬没几步，就刺溜滑下来了，特别气馁。爬了几次爬不上去后，一度想要放弃，干脆不爬了，就在坡底下待着算了。刚好身体也不舒服，也没有力气去继续爬。就这样在坡底下足足待了三四周，终于在伙伴们的鼓励和经历几场督导后，我决定继续爬爬试试。随着身体状态的好转，我感觉也有了很多力气，并且随着课程的不断学习，对于教练状态也有了不一样的理解。忽然有一天，我深切感知到自己翻过这个坡了。虽然教练状态仍然不稳定，有时候做得好点，有时候又做得很糟糕，但是无论状态如何，我终于支持到客户，拿到成果了。

## 03 教练带来的改变

经过持续的学习，教练学习带给我的改变和收获可以用以下3个词来概括：自信、接纳和陪伴。

记得在进入二模之前我问过一个学姐，二模带给你的是什么？

她就给回复了两个字——自信。这两个字在我整个二模学习期间，一直在体会，也一直激励我去寻找，终于当课程快结束的某个瞬间，我忽然就感受到了什么是自信。因为教练技能和教练心态的不断提升，我的确是越来越自信了！

曾经的煎熬和焦虑以及对自己的批判还历历在目，但是我终于跨过去了。

我对自己有了更多的接纳，接纳了自己的不完美，自己能力的不足。因为接纳，我对自己有了更多的看见，也让我更自信。

教练学习之路，让我更深刻地感受到了陪伴的力量，在这里收获了一群志同道合的伙伴，大家互相加油、互相鼓励，在这里借由伙伴的眼睛，看到了更好的自己，也感受到了每个人都是宝藏。我还要感谢从教特营开始就一直陪伴我的巧玲和真弘。真正的成长需要持续的陪伴。对此，我感同身受，深信不疑。

## 04 写给自己的一封信

二模开始之前，我给14周以后的自己写了一封信，这封信至今读来仍是感动不已。

“嘿，亲爱的自己，你好吗？

今天是2023年12月7日，特别想给你写封信，想知道14周以后的你是什么样子的。先让我畅想一下吧。

14周以后的你一定是已经顺利毕业了，顺利通过了认证，那时候的你该是多么兴奋和开心啊，想想我都忍不住笑起来了。

这14周过得怎么样？想来一定不容易吧？一定有很多天早起和晚睡，有很多的煎熬和焦虑，有很多的疲惫和沮丧，有很多怀疑自己批判自己的瞬间。但也一定有无数收获的喜悦和兴奋，能跟这么多宝藏同学进行深度链接，那些碰撞后的精彩瞬间，那些收获的喜悦，像海绵充分吸水一样十分有满足感，让现在的我忍不住心生向往。

14周以后的你，一定有了更多的自信、从容和笃定。看着自己的教练技能、能力和状态都有了很大的提升，一定是无比欣喜吧。14周以后，是来年的3月份，一切都是欣欣向荣和生机勃勃的，你的眼睛里、心里都充满了活力。写到这里忍不住想起昨天晚上女儿问我：‘妈妈你幸福吗？’我想此刻的你一定是幸福的吧！

是不是从来没有想到，“潘多拉魔盒”一旦开启，进程竟然这么快？

2023年3月15日，我加了暴暴的微信，之后因为偶然听了她的一次有关教练的直播，决定重新参加复训，重新踏上自己的教练之路。

不过才半年多的时间，就发生了这么多的改变和收获，真是始料未及。搭上ACC直通车也真的是心血来潮，冥冥之中感觉有股力量一直推着自己不断向前，不允许停下来。所以有幸见到了14周以后这样的一个你！

我想见面以后，一定要给你一个大大的拥抱！跟你分享这一路的艰辛和收获的喜悦。

这一路寻寻觅觅，你终于开始向喜欢的那个自己飞奔了，谢谢你。

谢谢你的努力和不断折腾，谢谢你的好奇和开放，谢谢你强大的共情能力和自愈能力。我们14周以后见！

14周很短，未来也会有很多个14周。而此刻我想对10年、20年以后的自己说：嘿，终于见到你！谢谢你从未放弃，谢谢你变成了自己期待的样子。"

# 羽晏

**把自己还给自己，**
**静待属于自己的花期**

## 羽晏

ICF 体系“一行”认证教练，教研员

怡安翰威特优势咨询教练

前互联网大厂运营，负责项目千万级

小红书博主，浏览最高 30 万 +

我出生在一个“18线”乡镇，从小就是一个木讷且不聪明的孩子，被人贴上了“踢一踢就动一动，不踢就不动”的标签。被人嘲笑时，我只会呆呆地站着装作听不懂那些人的话。

## 01 人生迷茫是常态，要有打破现状的勇气

初中毕业，家人送我去读护理专业，告诉我工作稳定又轻松。去实习才发现，从上班开始就一直忙碌不停，不限于抽血、发药、送检、配药水、铺换床单、巡夜等。我们住在旧手术室改装的集体宿舍，猖狂的老鼠四处流窜，甚至咬坏了装着食物的电饭煲。而且实习没有实习工资。

按照家长的想法，每个公司都需要会计，所以大学期间我选择热门会计学专业。毕业后，我拿着一本会计从业资格证进入一家小公司从事会计工作。为了节省费用，我上班骑着共享自行车，租房住在城东村。下班后穿越拥挤的人群，经过曲折蜿蜒的小巷，回到热得如同蒸笼的租房。在重复处理无数会计凭证后，我满脸疲惫，

透过洗手间小小的窗子望向外面的天空时，问自己："这真的是我想要的生活吗？"

来不及想明白，就得知公司要调整组织架构。

我失业了。

离职后经济压力迫使我不得不投递销售岗，进入一家头部互联网公司担任BD岗。BD是什么我都不知道，只知道要跑市场。我在磕绊中坚持了下来，甚至取得过业绩连续第一的成绩。日常除了维护两三百个客户，高峰时期每天只能睡三四个小时，还要培养新人和扛下过重的KPI。城市经理建议我转到另一个节奏慢的部门，我面试交接手续准备转岗时，接收到需要离职重新办理入职手续的反馈，提交完离职表后去找部门负责人没有回应。

我又失业了。

我后来加入一家互联网独角兽公司的新项目。从0到1参与项目，把各个链路打通，带领团队成员进行实战演练，创新内容项目，为客户创造场景。在这个过程中，公司开始极速发展，各个城市捷报频传。就在我以为经历了不同工作的起伏动荡之后，终于可以在这个项目里稳定一段时光时，出现了意外。

友商的强势竞争，公司逐月攀升的KPI，部门十几个小时内卷的工作强度，身心俱疲的我不得不频繁进出医院接受治疗。最终，总部选择关闭项目并退出市场。

我再次失业了。

回顾这几次职场经历，每次都遇到了不同的问题，有外部评判、自我焦虑迷茫、金钱缺失等原因，这些负面因素不断沉淀，我还没从根源上解决这些问题就迫不及待投入新的工作中。在这个过程中，不光没有获得丰盛的物质财富，还失去了自我价值感和信任感。

之前的工作经历并不是我想要的，我真正想要什么呢？我不知道。

别人擅长把不精彩的经历讲得跌宕起伏，而我擅长把精彩的经历讲得毫无波澜。我开始怀疑自己，陷入了买课和囤课的循环中，试图通过学习来找到问题的答案。然而，课程无法解决我的问题。加上租房到期，我突然意识到在这座城市生活近10年了，也许该出去走走看看。

这是个契机。

## 02 在“一行”重新认识自己

我来到了杭州。

从一座生活了10年的城市来到一座从来没去过的城市。网上找了转租房，打包行李联系物流，这是我人生第三次乘坐飞机，甚至都不懂先取机票再办理行李托运这个流程。但是没关系，我最终还是来到了杭州。

过往沉淀很多东西没有得到处理，内心也没有释然，都深深地堆积在我的心里。我那时只想安安静静地打一份工而已。我害怕再遇上不稳定的公司、不停打压人的领导、搞事的同事、压力过大的KPI以及引发自己不稳定的内核。但我不知道要怎么才能消除这些负面的影响。于是我为自己创造了一个小世界，避开外面纷繁复杂的事务，避免受到伤害，保护自己。

偶然机会接触到教练，约了几次教练对话，模糊感觉到也许教练对话里有我要找的东西。相信当下让我接触到教练对话是有意义的。

于是我参加了“一行教练”营。作为一名参加过许多付费课程的学员，自己对学习有一定的承受力，但在教练营的学习中，还是会感受到压力。在一个多月的时间里，我将所有的精力都集中在教练学习上，凌晨开始学习，反复听课程、记笔记、写作业的过程往往持续到早上，而且越学越上头。

教练这门课和其他类目课程有很大不同，其他类目课程是不断给自己做加法，向外求，关注事情本身，看外界需要什么就去学什么。而教练是给自己做减法，向内看，更关注人本身，把发散的意识往回收。

随着学习的不断深入，我通过客户的议题，看到自己的影子，看到过往的自己，看到当下的自己。我开始认真梳理清楚哪些事情是属于自己的议题，哪些是可以改变的，哪些是不由自己决定的。在这个过程中，我与过去和解，还修复了自己的内核，重新清晰地认识自己，看到那个有缺点却始终充满韧性、坚持不懈的自己，慢慢拨开覆盖在本我外面的迷雾。

我无意中收获了一个自主自律的自己。回想过去，我想改掉拖延的毛病，可以更有效地利用时间，便借鉴了很多知名大学学霸的时间安排表，应用到自己生活中。从早上8点到晚上10点安排得满满当当，精确到每一分钟。经过几天的实践，整个人都蔫了，疲惫不堪，怀疑自己不够自律。

而现在我能做到不依赖时间规划或外部的催促，仅依靠内在驱动力来自发地行动。每天的时间使用不再精确到每一分钟，而是有一定的弹性空间。这种改变让我更加自由地把握自己的时间和生活，不再被严格的时间表所束缚。

悄然间改变发生了。

## 03 每个人都有自己的人生优势

现在，我能通过探索自己的优势，更好地定位自己。我结合教练技能获得的笃定感，汲取到了重新出发的能量。这些能量让我有力量为赚钱而工作，还让我想要连接更多的人，做更多有意义的事情。

2021年我接触到怡安翰威特胜任力测评，发现我的远见与策略分值很高，特点是关注长期发展，聚焦于战略层面。

记得有一次与同事讨论职业发展时，我的规划涉及未来几年，同事不理解我为什么进行那么长远的规划，未来谁又能说得准呢？确实，这次讨论不久项目就关闭了，基于这个项目上的规划自然也就不存在了。

从事BD工作时，就有效发挥了我的远见与策略优势。我们主要开发B端客户，需要具备长期战略、前瞻性和目标感，所以我能够与客户进行洽谈，支持我拿到成绩。

意识到同一个优势在不同的情境下可能会呈现出截然不同的效果，这也是优势的正反两面。我创立了“贩卖希望”这个免费知识星球，想要有一个属于自己的空间，分享那些引发人共鸣和思考的内容。创新优势带给我的灵感，就像小王子在自己的星球上播种玫瑰花一样，这是一件多么美妙的事情。

有幸成为“一行”教研天团的一员，从学员转变为教研人员。这让我肩负起更多的责任，不仅要为自己负责，还要为来学习的学员们负责。

使用创新优势，每周更换群名，给学员带来新鲜感；使用远见与策略优势，为学员提前进行营期规划；遇到困难时，发挥责任心优势，积极主动采取行动；我的影响力优势比不大，但因为角色赋予的职责加上其他优势的助力，让我的影响力优势得到进一步提升。

看着学员们从一开始的懵懂状态逐渐成长为萌新教练，再进一步成为准教练，我感觉有无比的成就感。这些表面上是我履行作为教研人员的职责，实际是各个优势组合发挥的结果。

在一场教练对话中，来访者小和带来的议题是关于选择。一开始小和只是带着迷茫来我这里，后来我逐渐发现小和一直围绕着几个选择进行探讨。找到困惑后，我决定通过创造多个画面，让小和以第三视角进入到不同选择的场景里进行观察，去感受每个场景。

结束对话之后，小和表示这场对话带来了不一样且出乎意料的体验。虽然在探索的过程中有些气馁，但最终还是让自己投入对话中，看到困扰自己的画面，理清了自己真正想要的，还看到了2年后阳光下自信的自己。

我的信念是希望每个人都能够活出真正的自己，重新认识并接纳自己。通过发掘个人优势，建立一个稳定的自我核心，不受外界影响。了解自己的价值和潜力，勇敢地再次爱上自己。就像初升的太阳那般温暖而充满希望，如同雨后挂满水珠的花朵一样清新，像挺拔的树木那样坚韧，如夜空中最亮的星星那样独特而闪耀。

无论年龄如何，我们都应该拥有勇往直前的勇气，必须很努力，才能活出一个真实而洒脱的自己。

我希望能够通过我的教练技术和优势，帮助更多的人找到自己的方向，看清自己的价值，认可并爱上自己。我相信，每个人都是本自具足的，不争朝夕，每个人都有属于自己的花期。

我知道一路走来，有很多值得我感谢的人，但此刻我只想感谢两位老人家。一位是我的奶奶，她叫梁文芳，她的腰是因为背我，再也直不起来了；一位是我的爷爷，他叫林仕斌，每天早上4点多起来去田里耕种，才有我读书的学费。他们已经离世十几年了，我想记住他们，不想把他们遗忘。

在人生旅途中，可能会遇到困难，可能会感到迷茫，可能会失去方向，但只要坚持自己的信念，勇敢地去面对未知，就能够走出一条属于自己的道路，活出一个真正的自己。

我们都有着光明而美好的未来，此刻，我们就在这条充满希望和光明的道路上前行。

# 蓝琳

## 真实自我探索之路

**蓝琳**

身心疗愈教练

ICF 认证 ACC 教练

“一行教练”市场中心负责人

专注陪伴宝妈突破自我、稳定内核，成为更好的自己

致力于把自己重新养一次，成就健康自律的丰盛人生

教练思维生活化实践者，教练型妈妈、妻子、女儿

你，真的了解你自己吗？

别人眼中的你就是真的你吗？

真实的你是怎样的？

成年后，我对“真实的我”的追寻从未停止过。

特别是成为教练之后，随着认知的扩大，对“人”有更多的了解，我对“真实的我”有了更多的思考，也因此一度陷入了迷茫——“真实的我”究竟是怎样的？

于是，我踏上了寻找真实自我的道路。

## 01 初出茅庐

“一行教练”特训营的学员肯定听过我和PCC教练暴暴这场对话，那是给大家提供的对话范例之一。

在那场对话里，除了让大家感受到“你以为的问题其实根本不是问题”之外，也让我看到一个“纳尼亚世界”，我穿过衣柜后面的隧道，看到高山环绕的海湾，一望无际的大海，郁郁葱葱的森林。

很长一段时间，我沉浸在自己的这个“纳尼亚世界”里，特别是在我感到难过或是需要平息愤怒的时候，我就让自己停下来，进入自己的世界。当我感受到，我的内在是如此广阔时，我便有了更多面对困难的勇气。

就这样，它陪伴我度过了一年多的时间。在这一年时间里，我从一个小白教练成长为一星教练，成为“一行”的督导师、教练特训营的教研员，和我曾经的教研员成为同事。我还成了“一行教练”俱乐部的共建合伙人。我不断地发掘自己更多的潜力，开始越来越有自信。

## 02 从自信到怀疑

在第一期ACC直通车的学习即将结束的时候，我忽然陷入了一个新的瓶颈。当时我提交了一个非常差的对话给教练督导，督导到最后，我痛哭流涕。

那个瓶颈的感觉就好像是自己成长了很多，有自信可以做到很多事情，但心中起了贪念，想要做到更多，可又总有什么东西在阻碍、拉扯着自己。

我想要在教练路上不断精进，我想要把线下托管机构做大做强，我想要把孩子教育得出类拔萃，这些都需要付出时间和精力。

可一天就24小时，一个人的精力是有限的。

我以为我都能做得很好，可事实并不是这样。在那段时期，我通过教练对话，疯狂扩展我内心中的“纳尼亚世界”，那个世界的画面变得丰富起来：停靠在海湾的帆船、山上的参天大树，有一些人进来了，在大树下面停留。

我期待通过这种方式，让自己内在自洽，我的内在因而变得越来越强大了。

因为有这样广阔的内在空间而在对话中被对面的教练嘉许：“我感觉你真的是一个内在非常有力量的人。”

但，真的是这样吗？

## 03 新的探索

时间不会因为我的自怨自艾而停留，成长的飞轮一旦转动起来，想要让它停下，就需要很大的勇气。要舍弃过去所做的努力，然后割断很多已经建立的良好关系，包括和自己的关系。

我没有这么大的勇气，我的勇气仅可以让成长慢下来，但不会停。

既然选择教练作为自己的终身事业，想要在教练能力上有成长，就要面临一些选择。

把有限的时间、精力放在哪里？积累对话的时长还是先考ICE笔试拿下ACC证书？这让我纠结了很久。

后来，孩子的肥胖和情绪管理问题越来越严重，我不得不放弃线下托管机构，来让自己有更多的时间陪在孩子身边，控制和调整他的饮食。

通过自我教练，我发现，当下对我来说，最重要的事情就是陪伴孩子。

有了这个前提，我明白通过ACC认证，给自己一个强大的背书来开启教练事业，是我当下精进教练更重要的选择。这既可以保证我的时间可以自由安排，也能给孩子更多的陪伴。

第一次ACC考试，我没有通过，我不得不接受这个事实。如果没有一个可以给自己赋能和反馈的环境，我很难坚持下来。于是我又勇敢地开启新的挑战，成为"一行"108自律行动营的教练。

这真的是一个全新的挑战。

从一直"被推着"走的人，成为一个"领路"的人，挑战非常大，舒适区也是这样被打破的。

就这样，我磕磕绊绊、战战兢兢地和搭档大白教练互相支持，我们完成第一次108自律行动营的带组任务。我的考试复习任务也顺利完成，终于考试通过，拿下了ACC认证，并且我是“一行”培育的第一位ACC教练。

我以为我会特别开心，但其实并没有，内心反而是惶恐的。我觉得自己拿下的这个ACC认证是不配得的。我觉得自己还不够好。这种不配得感，让人感觉特别的累。

一次次推翻别人的肯定，用自己自洽的否定来说服自己：你还不够好，你应该等更好了再开始影响他人。

所以，即使拿下了ACC认证，我的教练个人品牌还是没有开始打造。

我让自己干非常多的活，企图用忙碌来掩盖不配得感。我告诉自己，现在做的这些事情，也能让我变成那个更好、更完美的自己。

然而，除了“纳尼亚世界”，其他的一切都不过是我的“幻想”，并非真实的。

当我意识到这些，我重新回到教练对话中，作为客户再次探索“真实的我”，重新审视我的“纳尼亚世界”。

这次的触动，从在我主动要求电话对面的一只猫教练关闭录制时开始。我哭着接纳了自己的所有的情绪，接纳了那个曾经一次又一次被遗弃的自己。

我的“纳尼亚世界”开始有了春夏秋冬的变化，有了冰川和火山。

又过了一段时间，当再一次面对内心又翻起的贪念时，取而代之的是接纳和允许。

接纳人生中还会出现这样状况的可能，允许自己翻涌而出的贪婪、厌恶、害怕和担忧。

做好心理准备，面对接下来出现的任何情况。在事上修炼，修炼回到当下。此时、此地、此人、此事这些是最重要的。我准备好去面对更真实的自我。

## 04 新的觉察

隔了近两年的时间，2024年4月，在一个月内，我作为客户进行了三次教练对话。对话过程中，我放下了作为教练的自己，全然地相信在电话另一端我的教练们——菜菜教练、朝君教练和小果教练，全然地如实呈现：

“没有感觉。”

“我想不到。”

“她没有回答。”

“我感觉好像有点难。”

我不用担心对面的教练不能接住我实际的感受，我只关注当下、我的内心。

最开始，我想要解决“最近感觉干活的效率不高”的问题。三次对话后，我有两个很大的收获。

一个是我发现要去解决的是我潜意识里常常出现的“应该”和“不应该”的信念，遇到问题的时候，潜意识里就像发生了一场无言的拔河比赛，“应该”和“不应该”在互相拉扯。

然而解决问题，在“应该”和“不应该”之外，还有很多的选择。带着这样的觉知，面对家人和孩子的时候，我更平和、坚定了。

不去要求孩子和先生“应该”是怎样的，“不应该”做什么，我全然接纳我的孩子和我的先生他们本来的样子。孩子有他的热爱，有对世界的好奇，先生有他自己表达爱意的方式。

第二个收获是，我不再要求自己“应该”是怎样的，“不应该”做什么。在妻子和母亲之外，我还是我自己，我可以有自己的热爱。比如，我可以独自一人去探索我热爱的山川大海，而不必愧疚没有带上先生和孩子。

随着不断的成长，“我”也在不断变化着。教练是我终生的事业，精进教练技术永无止境，我也会继续用教练对话探索我自己，我和我的“纳尼亚世界”最终会如何发展，我自己也非常好奇，拭目以待。

# 格根塔拉

**成长没有捷径，**

**但升学的捷径不能错过**

## 格根塔拉

哥伦比亚大学毕业

华尔街数字化转型负责人

15 年国际教育经验

陪伴 300+ 家庭拿到顶级梦校 offer

“为什么在英美国家，孩子们学习和生活看起来有一种松弛感?”“国外教育的优点和优势到底是什么?”“怎样才能让我的孩子被藤校或者名校录取?”

作为一名国际教育规划教练，这些是家长问到我最多的问题。

身处于亚洲乃至全世界最重视教育的国度，我非常理解家长为什么会对这三个问题特别关注。《战国策》中说：“父母之爱子，则为之计深远。”每一位父母都希望把自己最好的爱给予孩子，更希望可以为孩子长远的发展和未来做打算。

我们已经处在一个知识爆炸的时代，据联合国教科文组织的统计：人类的知识量，在19世纪约每50年翻一番，在20世纪约每30年翻一番。到今天，人类的知识总量翻倍所需的时间，已缩短到现在的3年左右。面对这样海量的信息和更加多元化的升学途径，保持终身和高效的学习能力比以往任何时代都重要。同时，只具备简单的学习技能已经不能单纯支撑孩子们的健康成长和取得未来的成功。

# 01 专注优势，具备终身成长思维，你的人生才会一路开挂

成功不是将来才有的，而是从做决定的那一刻起，持续累积而成的。在信息爆炸的时代，知识量已经不是稀缺产品，能够结合当下情况，利用所学知识，做出正确判断和好的决定是一项十分重要的技能。就是我们经常听到的两句很玄妙的话，“选择大于努力”和“顺势而为”。限于每个人性格和阅历的不同，在一天有限的24个小时中，想要有效地做出正确的决定，是非常有难度的。

在我们成长的道路上，我们总会面临各种重要的选择，无数个选择和决定不断累积，最终影响了我们一生。那么我们到底要怎么做，才能做出正确的决定?

老话说：“听君一席话，胜读十年书。”一个良师的几句话会让我们少走很多弯路。导师是那个在我们身边具有丰富经验，值得信任并愿意毫无保留地用自己的经验，带领我们在路上一路成长的领路人。一位经济学教授曾说：“导师是你一生中必须认识和见到的人。”

就如奥运冠军在赛场上取得成绩时，会首先发自肺腑地感谢他们的教练。每当我面对艰难选择，我总会想到高考后选专业，我感到迷茫时，我的老师对我说："要学会专注发挥自己的优势，不要轻易被外界干扰，长期的专注就是在不断累积个人的无形资产。"

2022年发表在《哈佛商业评论》中的文章《怎样有效地做出最正确的决定》中指出：好的决定通常具有以下几个共同的重要特点。

好决定要依据不同的视角，并需要透过问题的表象看本质。

好决定需要兼顾长期和短期的目标。

好决定可以转化成落实到具体行动上的计划。

在2023年哈佛大学的毕业典礼上，第一位华裔奥斯卡金像奖最佳女演员杨紫琼在演讲中对各位毕业生叮嘱道："要掌握人生的松弛感。"从杨紫琼的演讲当中，我们很开心地认识到，松弛感并不是简单的躺平或者放弃努力，而是很清楚自己的核心能力和边界在哪里，有哪些事情自己可以做好，哪些事情仍然需要努力。换句话说，松弛感的背后是对自己能力的了解和对自己生活的掌握，这才是松弛感的核心。我们羡慕这种松弛是因为它帮我们避免了精神内耗，让我们可以调整心态，保持轻松和不断成长共存的状态。

清华大学的校训是"自强不息，厚德载物"。要求清华学生具有奋发图强、勇往直前、

争创一流的品格，并具有团结协作、严以律己、无私奉献的胸

怀。如梁启超所言：“君子自励犹天之运行不息，不得有一暴十寒之弊。学者立志尤须坚韧刚毅。见义勇为，不避艰险。”

哈佛大学的教学愿景是：“培养未来领导者，激励哈佛大学社区的每一位成员努力创造一个更加公正、公平和充满希望的世界。”

松弛感背后的成长型思维，和伴随它延伸出的适应新挑战的能力，是国内外大学培养未来领袖的共同愿景。

想要培养孩子的成长型思维，前提是要让孩子拥有对生活的掌控感。不论是大人还是孩子，我们的大脑本能地需要去掌控自己的生活，这样才能给自己带来安全感。只有当行为是由自己做决定的，我们的大脑才会认为这个行为是“起源”于自己的，如果认为行为是由外部力量决定的，大脑就会觉得自己只是一个“棋子”。无论什么年纪，当我们感到不能控制自己的生活时，我们就会感到无助、绝望或不知所措。

更重要的是，当AI持续发展，不断帮助我们降低技术门槛的时候，创造力会成为未来人才的核心竞争力。而创造力的来源也是对生活的掌控感。把生活的掌控感还给孩子，他们的压力感才会减少，创造力才会被激发出来。

## 02 以教练之名，让孩子做自己人生的掌舵手

我们都希望遇见困难的时候，可以遇到贵人帮助我们渡过难关。在每一段突破难题的路上，那些对我们有着深刻影响和帮助的贵人，可能是我们的父母，我们的朋友，或者我们的老师等。不管他们的身份是什么，对于每个个体的成长，他们都有一个共同的身份——成长教练。

这个听起来有些陌生的职位，其实有着悠久的历史。《教练的历史——对教练的真正洞察》一文中指出："从18到19世纪开始，教练这个职业就已经伴随着社会学的发展，开始萌芽。"1830年牛津大学在公开文件中，把教练一职正式定义为辅导员职位的一种。20世纪之后，教练发展为一个融合了教育、心理、管理、商业等多学科且专业性强的职业。我们熟知的很多知名人士都曾在公开演讲中表示，教练在他们的工作和生活中带来了非常积极而重要的影响。

比尔·盖茨曾说："我们每个人都需要教练。每个人都需要有人给予反馈，这样我们才能进步。"2009年，知名出版社威利·布莱克

发售的《教练指导心理学手册》一书中定义教练的责任和义务并不是传授知识，而是帮助人们更深入地发现自己，最大限度地提高他们的表现，释放他们的潜能。我很感恩能够拥有教练这个身份，让我能够陪伴学生一起忐忑地度过等待录取通知书的春天。

从收到顶级文理学院（明德学院）的候选名单，到制定详细计划，反复跟学校沟通，再到最终收到转正的录取通知书，这份梦校发来的喜悦信息来之不易。

一位学生从害怕用英语沟通，托福只有60分开始，通过4年不断地调整和学习，在12年级的申请季，我们惊喜地收到了凯斯西储大学（综合排名前40）生物医学工程专业的录取通知书。

从经历过高考的失败，遗憾掉档到三本院校，带着迷茫、不甘心和巨大的心理压力，我见证了一个少年，用5年的时间完成了从三本院校到逆袭藤校研究生的全过程。

在跟300多个家庭一起成长过后，我很惊喜和开心地发现：虽然教育和成长没有捷径，但是学习和升学有正确且高效的方法。每个人的成长故事都有属于自己的独特经历，要渡过生命中不同的难关。苏联教育学家苏霍姆林斯基指出："教育者应当深入了解正在成长的人和他们的心灵。"教练就是那个可以让我们安心，并陪我们一起做自己的人。

# 03 三边关系：家长、学生与规划教练

在各种人际关系中，三边关系都是非常敏感的。但家长、学生和规划教练之间的关系就像是一个稳定动态的三角形。升学教练最有成就的事情，就是能够帮助学生和家长在升学的过程中认识自己，找到自己的优势，拥有更好的自己和亲子关系。教练、学生和家长在共创的过程中互相滋养，一起共行和探索。

教练并不是单纯的顾问或者老师，并不直接给学生提供任何建议，而是激发学生去独立思考，引导他们做一个对自己负责任的决策。教练是那个站在你身边，给你提供支持、温暖和安全感的人，让学生在放松的环境中为自己的选择负责。

通过一点点的累积，一个个踏实却重要的决定，会慢慢累积变成完成事情的自信心，再由这些点点滴滴的小事积土成山。在不断尝试和练习的过程中，孩子们可以更好地察觉和发现自我，并找到适合自己改变的契机。

就像我从认识“一行”和在“一行”中的成长一样，虽然也只

有短短的一年半时间，但因为有很多优秀的教练陪伴和相互激发，我教练技巧提升飞快。从K叔著名的OKR表格开始，到加入108课程、雅洁老师的写作课和教练课程，“一行”出品的每一个课程都诚意满满。每一节课的逐字稿、小组内的自由书写，和每一次酣畅淋漓的教练对话都会让我收获满满的能量，激发我对内心的重新探索。

今年，团队已经把从自由书写和OKR表格中累积出来的经验，融入到新开发的课程当中，帮助更多的青少年在世界的舞台上绽放，行走在自己优势之上。我期待“一行”带给我的成长会伴随着我教练职业生涯的进阶，把更多的爱和能量传递给更多的青少年，期待跟更多的伙伴一起去践行，用生命影响生命。

# April关 关

**从负债百万到**

**心想事成的逆袭人生**

## April关关

体制内工作 13 年的二宝妈

ICF 国际教练联盟 ACC 教练

0—18 岁英语学习规划师

好习惯养成自主学习力提升教练

一个工作日的清晨，结束了跟位于北京和德国一同精进的教练伙伴的学习交流，一看手机，收到一位教练学员的信息说：因为在温哥华，有时差，所以没有及时回复信息。而我，只是位于大西北小城敦煌的一个普普通通的二胎职场妈妈。是教练让我看到并链接到更广阔的世界。

在“一行”做教练的这几年，每次的自我介绍我都是这样开场的：大家好，我是伴你随行的个人成长教练，我也是曾经想放荡不羁仗剑走天涯，后来母命难违被迫回到家的关关。既然身不能选择一个地方居住，就给心选择一个心安之处加入。我给自己选择的这个心安之处就是在“一行”做教练。这个心安之处，支撑着我度过人生最黑暗的时期，支撑着我从负债百万到富足喜悦。

截至2024年4月，我已经陪伴120位伙伴一起探索使命、目标落地、支持成长、副业变现。在学习了ACC直通车的课程之后，我的生命状态得到了很大的提升，内在更稳定。自己突破了财富卡点之后，也助力多位伙伴突破卡点，副业成功开花，甚至开单爆单持续升级。我见证了很多生命的成长绽放，也经历了看见光、靠近光、陪伴更多人一起发光的旅程。在这个过程中，我逐渐寻找到自己的方向，最终找寻到了心中的热爱。

## 01 曲折——梦断武汉

我出生在大西北小县城一个很普通的家庭，但是从小却自命不凡。也许是因为一点小小的天赋，父母不怎么管我，我也没怎么用功，学习成绩一直不错，直到高中前都一直烦恼长大了以后上北大还是上清华。

当然，到了高中，那一点点不怎么用功就学习好的天赋，再也无法支撑我那不知天高地厚的梦想，上清华还是北大的烦恼自然也就随之消失不见。我一直都很喜欢学英语。高考结束，填报志愿的时候，我想要报考英语专业，却最终因为家人的阻拦，最终在老师的建议下去了国际贸易专业。

我懵懵懂懂地读完大学，考研未果，心怀梦想提上行囊。先是北上大连，后又南下上海，最终凭着对英语的热爱，循着当时精神领袖的足迹到了武汉新东方。每天忙碌且紧张，快乐且充实，但是这种日子也就持续了一年。就在我刚刚租好房子，报名雅思后准备全力备考的时候，我被妈妈以一种歇斯底里的方式逼回了家。感觉梦想破碎了，似乎再也看不到未来……

## 02 缘起——看到那束光

就这么毫不甘心地回到了家乡小县城，但是我并没有打算要放弃自己。我把自己关在家里，一个多月的时间没有出过门，也没有跟任何人联系和交流，闷头复习了一个月，考进了事业单位。都说小县城是精神荒漠，但是我不想让自己的精神就此沉沦掉队，因为有一天我忽然明白：想躺平，到处都是街边长椅；想优秀，人生不只有一条长安街。所以我一直没有放弃学习，积极备考各种证书，考研的小火苗也一直在心里没有灭。一边工作，一边带娃，一边学习，最终考入了中国社会科学院研究生院的MPA（公共管理硕士）。

在不断学习的日子里，我结识了K叔。大概是在2017年，我先是关注了公众号，后来加入K叔刚刚推出的产品99元的周记社群里。在群里每周看K叔的周记分享，内容真实、丰富，精彩纷呈。那个时候，K叔的分享已经是引领我的一束光，看世界的一扇窗。印象中最深刻的一句话，K叔的周记里说道：看见别人能做到，相信自己也能做到。这句话一度是我的微信签名。后来我一直追随到知识星球进化圈、“一行”创立。即便是到今天，我都觉得因为备考取关公众号而错过创办“一行”一周年很遗憾，但是我很庆幸没有错过两周年。我定闹钟抢到了第二期OKR训练营，当时小组的教练跟我对话的时候，我内心激动，欢呼雀跃，便萌生了想做教练的想法，马上跟教练提出：“怎样才能成为教练？我也想成为教练。”教练接下来问我：“为什么想要成为教练呢？”是啊，为什么呢？只是为了那份心动，为了能持续追随关注了很久的那束光。

## 03 成长——靠近那束光

后来，我又抢到了第0期教练特训营，终于开始了教练学习之旅。那是2020年，疫情刚刚开始暴发的时候，因为工作原因，每天要去社区执勤。上下班的路上，我永远都在听课，回家照顾完孩子之后，深夜里写作业，同时研究生也进入到毕业倒计时。所以除了学习期间的晚上和周末，我一直都在写论文听课。宝宝好奇地问我：“妈妈，你为什么一直在写作业？”“秃头营”的传说大概就是从那时候开始流传下来的。现在都还记得，在最后一次大复盘的作业里，我说道：“来到‘一行’以后，远远地看着，感觉这里的每一个人都在闪闪发光，而我也终于靠近甚至加入了这一片光。”

从教练营毕业之后，我踏上了“一行”的教练之旅。在第三期OKR训练营，我作为助教，跟菜菜搭档。后来才知道，我第一次上岗就很幸运地与教练俱乐部创始人之一的大佬做搭档，菜菜教练给人最深的印象就是“稳”。这样的稳让人感觉很踏实、非常靠谱，那是第一次隐隐约约感受到做教练就是做自己。做完助教过后，我借着积极主动的劲头，大胆报名了108自律行动营的带组教练。我有幸被选中，可教练工作我做得小心翼翼如履薄冰。因为学员当中不光有与我身份相同的职场妈妈，还有名校在读的博士、英国名校留学归来的创业者、专门为小企业提供咨询服务的老师……我一度担心自己不能胜任，为学员的学习焦虑，为学员的作业忧心，为掉队的学员操心……终于在惶恐和筋疲力尽中结束了第一次带营教练工作。后来每每回忆起，自己是全身心地投入在这份工作中，这或许就是因为热爱吧。

## 04 蜕变——成为那束光

后来的日子里，我一直待在“一行”。当时在“一行教练”俱乐部群第一眼看到ACC直通车招募信息的时候，我的第一想法是一定要参加，可紧接着又犹豫了。毕竟我刚刚经历了人生中最绝望和黑暗的2022年，刚生完二宝没几个月，莫名负债百万。那时每天睁开眼睛想的第一件事就是为什么这一切都要发生，不能是一场梦吗？为什么我还活着，不能平静地死去？身体和精神都饱受折磨，不知道精力状态能不能跟得上，当然还有最主要的财务问题。这一切对于那个时候的我来说，都是难以承担的。但是那几天，脑海里一直有个声音在提醒我："不能错过啊！一定要抓住这次机会！"所以，最终在报名截止的最后一个小时，我还是刷了信用卡尚存的一点余额报名了。现在回头看，是那个一直提醒我的声音，让我做的那个决定，最终拯救了我。

教练水平的提升自然不必说，进阶的学习带来最直接的感受，是生命状态的提升。我从课程的学习中感受到，教练的学习之路，其实是生命状态提升的过程。只有让自己的内在更强大、更稳定、更丰盈，才会在外在教练状态的呈现上有同样的体现。这种改变是潜移默化，润物细无声的。可能自己都感受不到，但是不知不觉间，它就悄然发生了。在ACC直通车学习的同时，我也持续做行动营的带组教练，开营前要跟每一个学员做营前沟通。记得当时有一个学员反映不想学了想放弃。我就去跟学员沟通，短短二十几分钟的沟通之后，学员表示很喜欢我的生命状态，感受到抱持和不评判的态度，非常愿意信任我，于是决定继续留下来。那一刻我真的非常感动。我感谢自己的不放弃也感谢学员的不放弃，感动于自己竟然能够用生命状态去影响别人了。我不知不觉就在修行中提升了生命状态，进而夯实了教练状态的稳定性。

最重要的是，这种内在的稳定给我带来了更多的平和，我感觉遇到的一切没有什么大不了的，我可以面对和接纳一切。总是说要平和、自在、笃定、丰盛，真正感受到了平和，真的感觉是一种力量。在这种力量的支撑下，我逐渐走出了那些黑暗和绝望，甚至逐渐突破了财富卡点。我终于敢跟一直以来想要跟随的客户开口报价，最终收获了自己的长期客户。并且在持续的对话中，我感受到爱的回流，感受到用生命影响生命的滋养。

## 05 未来——向着光亮那方持续前行

现在，我走在热爱的路上，热爱教练也热爱英语学习和英语分享，逐渐地打通了两个热爱之间的路径。

用教练技术为自己的身份加持，不仅自己学英语，也带领众多的妈妈们在家给自己的孩子开启英语启蒙；用教练对话赋能初高中学生，激活梦想，激发内驱力，借助线上平台短时间内提升成绩

20—60分；跟随专业的心理咨询老师创办好习惯养成营，缓解妈妈们的焦虑，让孩子们自主学习；用教练来赋能团队伙伴以及团队整体，在自己一单收款26000的同时，也想要用教练技术赋能每个小IP的突破和成长，从0到1迈开第一步，一起枝繁叶茂，持续开花结果，越来越丰盛。

我迎着光，相信一切都会越来越好！如果你也想要更加平衡、稳定、富足而喜悦，如果你也觉得前路漫漫，在黑暗中看不见光，如果你也想在养育孩子的路上不再烦恼，那么来找关关吧！

关关难过关关过，牵手关关关关破。

# 卡特Kate

**从迷茫中找回自由快乐**

## 卡特Kate

ICF 认证 PCC 专业教练，团队教练

“一行教练”导师，督导师

个人公众号：卡特神君

“一行”108 自律行动营负责人，

指导 2000+ 学员个人成长

我从事热爱的教练事业多年，我内心笃定不纠结，工作和生活蒸蒸日上。我不仅改变了自己的命运，还用教练的方式帮助数千名伙伴找到了自己的人生之路。

成人达己，成就自己的同时也帮助他人，这是教练的巨大魅力之一。但回顾过去，我也不是一下子就学会了教练技术，我自己的成长之路充满了起伏。

我从小就是同理心和想象力都比别人丰富的小孩，我更看重内心的感受和体验，我梦想自己能像电视中的主角那样，无论遇到什么，都有一片自己的天地，活得自由热烈，无拘无束，还能顺手行侠仗义。

这种“幼稚的梦想”，很快就被“真实的生活”打败了。我一路扮演着“别人家的小孩”，按部就班地读大学、找工作、攒钱买房，然后在差不多的时候去谈该谈的恋爱……人生就像时钟的分针和秒针，每一步都有它该去的方向。

可什么时候该做什么，这是谁规定的呢？这样的生活让我充满了迷茫和内耗，我觉得我在扮演一个“非常努力的别人”，千好万好，只是没有我自己。

在做了几年自己不喜欢的工作后，我心底里的那个声音终于苏醒了："我的人生难道就只能这样过下去了吗？""不，决不。"

有些事就是这么巧，当你足够坚定渴望改变的时候，你就会遇到很多意想不到的可能，教练就是在那个时候进入我生命中的。

在一次教练的课堂上，我的内心忽然涌现出一股力量，这股力量在告诉我：就是现在，我要过自由快乐的生活，我要为自己而活。

## 01 向内生长，稳定内核，悦人先悦己

教练让我拥有了力量，于是我就从教练开始，开启了不断的自我超越之路。

那个时候，我经常"早出晚归"地学习和练习，寒暑不辍，总是忘记时间。现在回忆起来，也还是挺感慨的：能为自己的成长"上头"，是多么酷的一件事啊！

我越来越明白，为自己而活的第一步，就是向内生长，在悦人之前先学会悦己。

虽然嘴上不承认，但以前我多多少少会有一些讨好型人格。之所以有很多烦恼和内耗，是因为在讨好别人还是讨好自己之间，反复横跳。

我很在意别人的评价——父母的、爱人的、老板的、客户的，甚至是不知名的网友的意见，都会影响我的心情。别人说点什么不好听的话，哪怕我明明知道没有那个意思，但心里还是会不开心。

我希望能够得到别人的肯定和认可，经常为了这种肯定去过度付出，把自己累到精疲力竭。时间长了，人就会内耗。

在教练成长的过程中，我看见了那个过去被习惯性“忽略”的自己，她的形象越来越清晰了：躲躲闪闪，充满不确定，受委屈了但不说，不知道自己想要什么，也不知道自己该往哪里走……

我学会了深深地接纳她，拥抱她，然后陪伴她每一天直到变得更加阳光，更加明媚。

她长大了，我也跟着长大了。我从内心里长出了自我肯定的灵魂，长出了稳定自洽的内核，内在的自己再也不会轻易消散。

我不再把别人放在我之前。我不再需要别人的肯定来证明我是好的、优秀的。无论成功还是失败，我知道我都是很好的。

人得先有自己，之后才能有别人。向内生长，稳定内核，悦人先悦己。

这个心念转变了，整个世界也都跟着变了，命运的齿轮“咔”一下转动了。我生命中的很多重要的东西，都悄然地发生了改变。

## 02 心对了，一切都对了

首先让我感觉到不同的，是和父母的关系。

我父母一直希望我能走一条最稳定的路。我不想让他们失望，但我也不想盲目地走他们的路，所以工作后最初几年，和他们之间的关系一度有点“拧巴”。

我觉得他们认定了如果我不听从他们，未来就一定会后悔，好像我没有能力过好自己的生活。可是谁不希望自己在父母眼中是优秀的呢？很长一段时间，这个问题让我很郁闷。

我也没想到这个问题是在教练学习的过程中化解的。说到底问题的关键都在自己的心念。

当我意识到我不需要别人的认可，悦人应该先悦己的时候，我很快就意识到，这个别人也包括父母。

我的人生到底怎样定义，完全取决于我自己，我不需要他们的认可，我也不应该强迫他们去认可我。

让我痛苦的，不是父母的不认可，是我不允许他们不认可。我想让他们尊重我，那我当然也要尊重他们。这意味着允许他们做自己，允许他们去做那个总是担心我的生活，对我的选择“不认可”的他们。

无论他们是否认可，都不影响我走自己的路，也不影响我发自内心爱他们，就像他们永远不会停止爱我一样。

这个心念一旦转变过来，所有的亲密关系都好像被打开了开关一样，我学会了允许一切发生，不纠结，不痛苦，在爱里自由徜徉。

从那之后，我和父母的关系完全变了样子。这几年一有空我就带他们出去玩儿，很有耐心地在各种地方给他们拍照，也学会用视频去记录每一次出行。我发现，原来他们很珍惜每次和我在一起的时光，我感受到了更多的爱。

心对了，我和父母的关系也就对了。

不仅是关系方面，人生的其他领域也都欣欣向荣，越来越轻松。比如，我嚷嚷着减肥很多年了，但是一直都没有成功，走了不少弯路，最后都是破罐子破摔。

2023年的时候，借着“108自律行动营”开营，我决定和大家一起开启改变之路，便重新把减肥提上日程。结果三个月过去，我非常轻松地瘦了25斤，就像是完全变了个人。

减肥确实需要有一定的知识和方法。但是在这个时代，这些信息是很容易获取的，有那么多人在分享自己的成功经验，为什么之前总是做不到呢?

其实答案还是“心”不对，做事就很难做对。这也是在我教练成长的过程中感受到的。

减肥的核心目标，应该是身体健康，精力充沛，而不是单纯的体重秤上的数字。与其把一个月瘦20斤当成必须达到的目标，还不如放下对斤数的执着，重点追求每一天的健康。

因为太过看重数字目标，会让人变得急功近利，尤其是一旦到了平台期，心态就容易崩，要么极端节食，要么突然放弃开始暴饮暴食。

之所以那么迫切地想要变瘦，是因为自己不喜欢自己，甚至是有些讨厌自己。

我也检查过我的心态，过去之所以经常失败，是因为我内心认同“女生体重大就代表失败”这个逻辑，好像只有瘦才是好的，才是被接受的。

但是被谁接受呢？被社会？被家人？被爱人？我并不需要被别人接受啊！最重要的是自己接受自己，不是吗？

这个心念转变过来之后，我不再把体重当成目标，心里再没有“我必须得减到多少斤才可以”这样的心态，我只追求健康。至于体重这个数字，减多少都可以，我自己开心最重要。

这样松弛的心态，让我非常快地找到了适合自己的方法，我对自己不强求，也不苛刻，实在想吃了就去吃，实在不想运动了就不动，一点内耗都不存在。

心对了，连减重这件事都变对了。

有了这样无敌的心态，再加上“108自律行动营”互相监督的环境和互相鼓励的伙伴，不追求掉秤，反而轻松减掉了25斤。

## 03 从心出发，活得自在通透

内在通透，外在通达，享受行动本身，不焦虑，不内耗，顺理成章地看到结果，这不就是最好的生活吗？

我相信每个人都有充足的内在智慧，都能够保持好的心态，开心顺利地生活。只不过，每个人都需要一个开启智慧的方式，需要一次开启智慧的体验。

我不仅用教练开启了我自己的智慧，还通过教练帮助了更多的伙伴。能够把自己的光照到更多的人，这也是教练的魅力之一。

这几年我对话过的教练客户超过了500人，我帮助他们找到了人生方向，完成了职业转型，增加了副业收入，找到了结婚对象，身心变得更加健康和快乐，开启了无限的可能……

我也影响了越来越多的同学，去学习教练，成为教练，去帮助更多的人。

不仅如此，在我所负责的“108自律行动营”，直接被教练对话及教练文化深度影响和改变的学员就已经超过了2000人。在这里，人们可以通过教练对话来探索自己的方向，提升行动力，拿到结果。教练们学成之后，可以在这里成为专业的行动教练，去精进教练技术，成就更多的学员。

在这里，我们让更多的人看见光，也成为光。

我始终相信，人生没有那么难，只要心念转变了，人就可以轻松自在，内在通透，外在通达。

# 阳光的老冀

相信相信的力量，

相信改变会发生

## 阳光的老冀

“一行”认证教练

“一行教练”特训营第 12 期教练之星

20+ 年教培从业者，永远年轻的终身学习者

致力于“用生命影响生命”的人生导师

2023年11月15日，我加入“一行”，至今不到7个月的时间，我就像重生般由内到外都是新的。从好奇到融入，从融入到坚定，从坚定到去传播和影响，越来越多的人因为我开始相信自己，相信改变会发生。我自己也坚信这就是一个人生导师后半生教练之路的开启，是我一生追求绽放的起点。

## 01 相信相信的力量，改变一定是成长的必然

“老冀，什么时候有时间呀?”

“上午9点到12点，下午2点到4点。”

“那我们就上午10点到12点，下午2点到4点开始我们的对话，如果你有事，告诉我就好。”

“行!”

这是我和一个“一行教练”伙伴今天对话邀约的消息。她学完教练后，却没有自信约对话，担心自己帮不到客户。我有许多话题，

也特别享受当客户，从教练对话中获得力量的我与她约定：在她想要帮助我的时候通知我。我静静地等，全心全意地相信她会来帮我，这就是信念的力量。就在今天，一个刚刚好的日子，她来到了我的身边，给了我提笔写下《相信改变会发生》这篇文章的灵感。

我现在已是一位优秀的“一行教练”，我相信每个人都是优秀的；每个人都拥有成功所需要的资源；每个人做出的都是当下最好的选择；每个行为背后都有正向意图；改变是必然发生的。这是教练五大原则，自从学习教练之后，晨背教练五大原则成了我起床之后的第一件必做之事。

人生低谷时，工作20年的教培单位因负债关门，不愿平庸的内心促使我重新选择新的赛道。女儿哭着对我说：“妈妈，我不想去学校上学了，我只想画画。”我的淡定瞬间崩塌，天哪！我做了20多年的教育，成就了许多孩子的读书梦，现在，在我人生四面楚歌的时候，女儿竟然不想上学了。表面上，我支持女儿的决定，但内心当中是焦虑的，不知道该把孩子带向何方。

在这个关键的时刻，儿子对我说：“妈妈，你来学教练吧，我觉得你天生就是一个教练。”

陪伴儿子长大的路上，我习惯了相信儿子，相信儿子对妈妈的定位是有根据的。就这样，在我生命的转折点，“一行教练”成了我的一根救命稻草。我幸运，我与“一行”有缘；我欣喜，我选择了

“一行”。没有指责，不做评判，只好奇和提问，相信每个人都有能力用自己的智慧找到答案。我感叹，我惊呼，这不就是我20年中一直在坚持做的教育吗？

“以生命影响生命，以行动启迪行动”，这样的理念，我已经在教培生涯中坚持贯彻了20多年，我相信每个生命都是平等的，都有能力从自己的兴趣出发，去做自己喜欢的事情。

是呀，每个人都是优秀的。女儿也是优秀的，她专注画画，一直喜欢动漫和游戏；她相信自己的喜爱就是成功的资源；相信爱她的哥哥、姐姐和妈妈是她成功的资源，这些资源支持她做出了辍学的选择，她热爱画画的执着一定会在坚持中含苞待放。当下我和女儿商量，加入“一行”，参加“一行108自律成长营”，女儿欣然同意。在“一行教练”相信的力量支持下，她通过自己的努力顺利毕业并加入“一行教练特训营”。现在，我、我的儿子、我的儿媳，还有我的女儿，都是“一行教练”，我们都相信在人生的关键时刻选择“一行”是最正确的决定，因为教练不仅给我，也已经给女儿带来了意想不到的改变。

和别人不同的是，在“一行”，比起当教练，我更喜欢给每个小伙伴当客户，在教练温暖、抱持的场域中，跟随教练的提问，走进自己的内心，与自己深层对话。疑问解除，焦虑渐渐消失，我变得平和，也更加笃定，更加相信女儿的选择是对的。于是，我毅然带着女儿开始旅行，在旅行中寻找女儿播种梦想的“花园”。终于，我们找到了，虽然走走停停中，因为好多不能推脱的事情耽搁了开学的时间，但女儿在“一行”获得的相信自己的力量，让她在众多比她年龄高的学员中脱颖而出，成为学习时间最短，作品双优的优秀学员。她，不愧为“灵魂画手”，我更加相信每个行为背后都有正向意图，改变是必然发生的。

看着她的优秀作品，我不由得感叹相信的力量，因为播下了相信的种子，才会有奇迹的出现。

## 02 只要心中有爱，相信奇迹一定会发生

他叫Tommy，在我的生命中，他是我梦想的延伸，是我的朋友，是我成长的源泉。

当我遇到爱，我就期待这个新的生命会成为一个奇迹，成为一颗会飞的宝石，照亮全世界。所以，在那个晚上，我望着星空，想着美好，给那个未曾见面的“他”取名赵翼，乳名叫晶晶。

他，就是我的儿子，是通过我来到这个世界的一个新生命，我

陪着他看天、看地、看花、看草、看世界。我们一起读书，一起玩耍，没有刻意，只有用心，用全方位的爱呵护他成长，非常享受地与他共同走在不断学习与成长的路上。

他一天天长大，逐渐显露与别人的不同。上小学前的他就可以和爷爷讨论《三国演义》，能看懂白话版《西游记》，7岁能给我讲初中化学，能记住葡萄糖的分子结构式，三年级参加全国英语竞赛拿了一等奖，四年级参加《中华魂》演讲比赛，一直演讲到人民大会堂，初中又拿到了全国英语演讲一等奖、英语最佳辩手和英语辩论一等奖。他的成长，承载着我的梦，浸润着我的爱，也雕琢着我的性格，沉淀着我的执着，我没有一丝的抱怨，每天享受着惊喜与收获，陪伴中没有疲惫，却陪来了我喜欢的事业。

陪儿子参加比赛，从写稿到培训，这样的事，在2000年的“18线”小城还遥不可及，我没见过，但为了儿子，母亲的潜能是无限的。最终我的儿子赢了！比赛中，我欣喜于儿子的天赋，但也感到限制他发展的卡点。所以利用儿子比赛的闲暇，我穿梭在优秀的家长和老师之间，询问培养孩子的经验和秘籍，一个大胆的想法从心底升起:为了儿子，我自己创造资源，自己办一个英语培训班。

由此，我与教育结下缘分，因为教育，我登上了讲台。我相信每一个种子在条件适宜的土壤中都会发芽，每一个生命在相信的滋养中都会开花。

## 03 相信生命会成为照亮世界的一束光

接下来的20年，我潜心教育，只问耕耘，不求回报，不少家长因为有我，焦虑的脸上绽放了笑容；不少孩子因为有我，有了不同寻常的未来；一些特别的孩子因为有我，创造了生命的奇迹。我相信光可以照亮人心，爱可以创造奇迹。

她，5岁来到我身边，因为内向、胆小，爸爸妈妈为了陪她上幼儿园甚至不能正常上班。我用爱给予她改变的勇气，帮她走出了“社恐”，学业也遥遥领先。2015年，她考上了清华，毕业后，又考上了香港大学的研究生，现在已经在香港某公司就业。

他，跟随我学习3年，成为我培训班的辅导员，从我身上获得做自己的定力，让他不惧挑战，荣登地区中考冠军之位，后以高考全省第6名成绩考入清华，现在是清华博士研究生。

他，武汉大学高才生，是推荐免试研究生，毕业后入职华为，两次被华为选派到国外扩展市场，成为企业中尖力量。

他，北理高才生，双学位毕业，他以优秀毕业生身份被学校推荐为北理硕博连读研究生。

还有他，一个意想不到的奇迹，9岁离开全日制学校，是一名就读体校的体育生。在他18岁那年，他的爸爸带着这个1.9米的小伙子找到了我。当时社会经验不足的我面对一个打扮十分有派头的中年男人，心里还有点紧张。这个爸爸告诉我，他不差钱，但家里缺一个大学生，听说我很厉害，慕名而来，希望能不拒绝他的要求，帮他实现望子成龙的梦想。这样的事，我没做过，看出我的犹豫，他急切之下，说给我磕3个响头。磕头我自然不敢接受，但这个爸爸的真诚确实打动了我，我答应了，但不收一分钱学费，只想在没有负担和压力的情况下，做一次大胆的尝试。

不知是我5个学生的智慧改变了那个孩子的命运，还是他与他父亲相信的力量创造了奇迹，总之，他考上了中国体大，成了当年体大的学生会主席。毕业后，因为优秀，成了保卫首都的特警。

一个、两个、三个……在我这个小小的培训班，有着非常多的传奇故事，我不求回报，不留余力，常常一天吃不上饭，一站就是十几个小时，为了帮助一个不爱学习的初三学生，半夜两点才吃晚饭。这些付出，在她考上山大研究生时，我忘了所有的辛苦，由衷的自豪填满了内心。就是这样，我用生命影响着孩子，用行动感动着家长，当孩子们对家长说“我们就是喜欢老冀，老冀让我们干什么，我们相信一定会收获满满”的时候，我感到这就是我生命的价值。

孩子们因为我，把培训班当成一个加油站，当成一个能量块，当成一个随时随地都能感受温暖的家。他们从这里获得了上九天揽月，下五洋捉鳖的自信，在这份自信的点燃下，不只是成就自己的人生，为家庭奠定幸福的基石，更重要的是把中华的优秀誉满世界。

写着写着，我感觉我所经历的这一切仿佛都是为了我今天能成为一个教练，带着对生命的相信，在刚刚好的时刻与生命同在，用爱为每一个生命赋能。

这就是相信相信的力量，这就是教练的使命，相信改变一定会发生。